Wolfgang Schmickler
Das Auto der Zukunft

Weitere Titel aus der Reihe

Klima, Rohstoffe und Prognosen
Nachhaltigkeit und Megatrends
Michael Has, 2025
ISBN 978-3-11-161085-6, e-ISBN (PDF) 978-3-11-161088-7

Mein Mikrobiom, meine Gene und ich
Eine grenzenlose Reise ...
Diana Kessler, 2025
ISBN 978-3-11-161095-5, e-ISBN (PDF) 978-3-11-161114-3

Kosmische Alchemie der Elemente
Die ersten 14 Milliarden Jahre
Karlheinz Langanke, 2024
ISBN 978-3-11-146835-8, e-ISBN (PDF) 978-3-11-146973-7

Grenzen von Nachhaltigkeit und Ecodesign
Läuft uns die Zeit davon?
Michael Has, 2024
ISBN 978-3-11-144640-0, e-ISBN (PDF) 978-3-11-144684-4

Warum ist der Himmel blau?
Joachim Breckow, 2024
ISBN 978-3-11-145358-3, e-ISBN 978-3-11-145369-9

Energie – wo kommt sie her
Und seit wann sie uns beschäftigt
Wolfgang Osterhage, 2024
ISBN 978-3-11-115172-4, e-ISBN 978-3-11-115255-4

DE GRUYTER
OLDENBOURG

NEUGIER
WISSEN
WEISHEIT

Wolfgang Schmickler

Das Auto der Zukunft

Was bewegt es?

DE GRUYTER
OLDENBOURG

Autor
Prof. Dr. Dr. h.c. Wolfgang Schmickler
Am Sandhaken 18
89079 Ulm
Germany
wolfgang.schmickler@uni-ulm.de

Mit Zeichnungen von José Zagal

ISBN 978-3-11-171285-7
e-ISBN (PDF) 978-3-11-171293-2
e-ISBN (EPUB) 978-3-11-171305-2
ISSN 2749-9553

Library of Congress Control Number: 2025943165

Bibliografische Information der Deutschen Nationalbibliothek
Die Deutsche Nationalbibliothek verzeichnet diese Publikation in der Deutschen Nationalbibliografie;
detaillierte bibliografische Daten sind im Internet über
http://dnb.dnb.de abrufbar.

© 2026 Walter de Gruyter GmbH, Berlin/Boston, Genthiner Straße 13, 10785 Berlin
Einbandabbildung: Peshkova / iStock / Getty Images Plus
Satz: VTeX UAB, Lithuania

www.degruyterbrill.com
Fragen zur allgemeinen Produktsicherheit:
productsafety@degruyterbrill.com

Inhalt

Warum sollten Sie dieses Buch lesen?

Die Zeiten ändern sich, und mit ihnen die Autos. Der Verbrennungsmotor, vor über 150 Jahren erfunden und seitdem fortwährend optimiert, hat ausgedient. Zwar wurden die Autos immer schneller und immer sicherer, sie emittieren weniger Schadstoffe, und der Verbrauch ging auf wenige Liter Kraftstoff pro 100 km zurück. Aber ganz kann man dem Verbrennungsmotor den Ausstoß von CO_2 nicht abgewöhnen, er gewinnt schließlich seine Energie durch die Verbrennung von Diesel oder Benzin zu CO_2. Insgesamt tragen Autos weltweit etwa 20 % zum Treibhauseffekt bei.

Die Zukunft gehört dem Auto mit elektrischem Antrieb, sei es mit Batterie oder mit Brennstoffzellen. Bis man alle, oder auch nur einen größeren Teil, der ca. 1,3 Milliarden Autos, die es auf der Welt gibt, durch E-Autos ersetzt hat, wird es Jahrzehnte dauern, und so lange wird es keinen messbaren Effekt auf den CO_2 Gehalt der Atmosphäre geben. Zudem wird bei der Produktion von Lithiumbatterien oder Brennstoffzellen ja auch jede Menge CO_2 frei, allerdings erheblich weniger als beim Betrieb von Verbrennungsmotoren. Aber wir wollen uns hier nicht mit den politischen Aspekten des E-Autos befassen, sondern mit seinen technischen Aspekten.

Früher verstanden die meisten Männer, aber auch viele Frauen, etwas von der Technik des Autos. Im zarten Alter von achtzehn Jahren lernte ich, wie man eine Zündkerze wechselt, wie man den Vergaser einstellt und reinigt, und manche Frau rettete damals die Weiterfahrt des Autos, indem sie ihren Nylonstrumpf auszog und damit den gerissenen Keilriemen ersetzte. Dieses ganze Wissen, das man sich damals angeeignet hatte, wird jetzt nutzlos, obsolet! Sie können es getrost aus Ihrem Gedächtnis löschen!

Manche Techniken verschwanden allerdings schon früher, z. B. der Choke, auch Starterklappe genannt. Lieber Leser, wissen Sie, wozu er diente? Falls ja, müssen Sie etwa mein Alter haben oder ein Boot mit Außenbordmotor fahren. Ein Choke verringert die Luftzufuhr zum Vergaser, so dass das Gemisch, das im Motor verbrannt wird, reicher an Kraftstoff wird. Dies war bei einem Kaltstart günstig; wenn der Motor seine normale Temperatur erreicht hatte, schaltete man den Choke ab. Bei meinem ersten R4 war das Starten ein subtiles Spiel zwischen Choke und Gasgeben. Bei zu wenig Choke sprang der Motor nicht an, bei zu viel soff er ab, d. h., die Zylinder waren voller Benzin, es fehlte die Luft zum Verbrennen. Damals lernte ich, aus dem Geräusch des Motors zu hören, ob er mehr oder weniger Gas brauchte, und brachte den Motor selbst im kältesten Winter zum Starten. Völlig nutzlos, das so hart erworbene Können!

Freilich sind die heutigen Autos so gebaut, dass man als Fahrer Öl und Kühlflüssigkeit nachfüllen kann, aber alles andere der Werkstatt überlassen muss. Bei unserem Golf sind selbst die Scheinwerfer so schlecht zugänglich, dass man zur Werkstatt muss, um die Birnen zu wechseln.

Aber basta mit den Benzin- und Dieselautos, was soll dieses Buch, warum sollten Sie es lesen? Es gibt keine Ratschläge, wie man den Vergaser am Elektroauto einstellt – gibt es nicht – oder die Batterie wechselt – kann man nicht selber. Ein E-Auto kann man nur fahren und laden – okay, mit etwas Geschick können Sie die Birnen in den

https://doi.org/10.1515/9783111712932-001

Scheinwerfern selbst wechseln. Lesen Sie dieses Buch, wenn Sie verstehen wollen, wie Batterien und Brennstoffzellen funktionieren, welche Vorteile und Nachteile sie haben, warum Elektromotoren so effizient sind, und wenn Sie sich mit Fragen der Energie der Zukunft auseinandersetzen wollen – Elektroautos brauchen Strom, wo soll der herkommen? Es soll Ihnen helfen, sich bei diesen Themen zurecht zu finden und die Artikel in den Medien richtig einzuschätzen, die oft Fehler enthalten oder ideologisch ausgerichtet sind. Zudem können Sie als Frau Ihren Mann, wenn er entsetzt neben dem brennenden E-Auto steht, ungemein mit den Worten beeindrucken (s. Abb. 1): „Schatz, da haben sich wohl Dendriten an der Kathode gebildet. Gehen wir in Deckung, ehe auch der Polymer-elektrolyt Feuer fängt!" Selbst wenn Sie sich überhaupt nicht für Autos interessieren sollten: Kaufen Sie das Buch und freuen Sie sich über die genialen Zeichnungen von José Zagal!

Abb. 1: In Benzin bilden sich zumindest keine Dendriten.

Neben den Themen rund um den elektrischen Antrieb wollen wir uns mit einem weiteren Thema befassen, dem autonomen Fahren. In den letzten Jahrzehnten ist das Autofahren viel bequemer geworden, an verschiedene Assistenzsysteme haben wir uns längst gewöhnt: Servolenkung, Bremskraftverstärker, Einparkhilfen, Antiblockiersystem (verhindert das Blockieren von einzelnen Rädern beim Bremsen), und das elektronisches Stabilitätsprogramm (ESP). Dazu gibt es jetzt schon automatische Notbremssysteme, Abstandsregler, Tempomat, und einen Spurhalteassistent. Wohin führt diese Entwicklung? Steht am Ende wirklich das automatische Fahren, bei dem man in das Auto steigt, laut und deutlich sagt: „Ich will zu meiner Mama!", die Augen schließt und alles Andere dem Auto überlässt? Nicht auf alle Fragen haben wir eine Antwort, aber zumindest einige grundlegende Fakten und Gedanken.

Zum Inhalt: Wir behandeln die Themen autonomes Fahren, Batterien, Brennstoffzellen, Verbrennungsmotor, und Elektromotor. Dazu machen wir uns noch einige Gedanken zur Energieversorgung der Zukunft. In den letzten Jahren hat wieder eine Diskussion um die Kernenergie eingesetzt. Neben der Sonnen- und Windenergie braucht man eine zuverlässige Grundversorgung an Strom, denn die Industrie, die Rechenzentren, aber auch die Hauhaltsversorgung muss auch bei Dunkelflauten funktionieren. Bei der Fusion, die man schon abgeschrieben hatte, werden alle paar Wochen neue Rekorde beim Einschluss des Plasmas gemeldet. Bei der Kernspaltung versprechen Start-ups billigere und sicherere Reaktoren. Selbst zur problematischen Entsorgung ausgebrannter Brennstäbe gibt es neue Ansätze. Deshalb habe ich die Kernenergie in den letzten Kapiteln ebenfalls behandelt. Gerade dieses Thema wird in der Öffentlichkeit kontrovers und nicht immer sachverständig behandelt.

Die einzelnen Kapitel sind weitgehend unabhängig, man kann sie also in beliebiger Reihenfolge lesen. Ansonsten gilt: Jede Literatur, auch die technische, muss unterhaltsam sein!

Das Elektroauto

Von außen sieht ein Elektroauto so aus wie ein Benzin- oder Dieselauto (s. Abb. 2). Die selbe langweilige windschlüpfrige Form, die heutzutage üblich ist, der Look von viel Plastik, und LED-Schlitzaugen an der Front. Erst wenn man genauer hinsieht, merkt man, dass es keinen Auspuff gibt, also wohl auch kein Röhren aus Doppelrohren beim Beschleunigen. Zudem fehlt ein großer Kühler. Die wahren Werte sind im Inneren, und sie bestehen vor allem aus dem Elektromotor und der Batterie.

Der Motor ist klein, leicht, und stark. Im Gegensatz zum Benzin- oder Dieselmotor ist seine Leistung praktisch unabhängig von der Drehzahl. Man muss nicht schalten, um den Motor im optimalen Drehzahlbereich zu halten, und er zieht aus dem Stand fast mit voller Leistung an, so dass Sie an der Ampel alle anderen zurücklassen. Damit fallen eine Reihe von Komponenten weg, die bei Autos, die mit fossilen Brennstoffen betrieben werden, Platz einnehmen, Energie kosten, und kaputt gehen können. Da man keine Gänge braucht,[1] tut es ein einfaches Getriebe, ein sogenanntes Untersetzungsgetriebe, das zwischen der hohen Drehzahl des Motors und den Umdrehungen der Räder vermittelt. Die Kupplung fällt auch weg, auch ein separater Rückwärtsgang, denn der Motor kann sich in beide Richtungen drehen. Autos mit Allradantrieb haben meist zwei Elektromotoren, für jede Achse einen. Früher gab es auch Konstruktionen, bei denen jedes Rad seinen eigenen Motor hatte. Doch die Lage direkt am Rad war zu exponiert, und es gab zu viele Schäden am Motor.

Ferner fallen weg: Vergaser oder Einspritzer, Lichtmaschine, und Zündkerzen. Man braucht den Motor nicht vorzuglühen wie einen Diesel. Ölwechsel und andere Wartungsarbeiten entfallen ebenso. Es gibt im Motorraum so gut wie nichts, das Sie selber machen können; also nie mehr mit ölverschmierten Händen Zündkerzen wechseln. Dafür gibt es jede Menge Elektronik zum Regeln des Motors und der Batterie. Beim Bremsen kann der Motor als Dynamo funktionieren und Strom erzeugen und in der Batterie speichern – Rekuperation nennt man dies. Allerdings hat dies zur Folge, dass man die meisten Elektroautos nicht abschleppen kann. Es könnten Ströme entstehen und die empfindliche Bordelektronik stören.

Batterien gibt es zwei: Eine Leistungsbatterie, fast immer Lithium, und eine normale 12 V Batterie, wie man sie in allen Autos findet. Letztere ist für Radio, Infotainment und so weiter zuständig. Das Prunkstück ist natürlich die Lithiumbatterie, ohne deren Entwicklung es keine Elektroautos im Straßenverkehr gäbe. Die Batterie ist schwer, je nach Konstruktion zwischen 400 kg und 800 kg. Je größer die Reichweite, desto schwerer normalerweise die Batterie. Die Energiedichte von Lithiumbatterien ist etwa 50–60 Mal kleiner als die von Benzin. Entsprechend sind E-Autos meist schwerer als Benziner, obwohl sie weniger Mechanik haben. Die Batterie hat die Form eines flachen Rechtecks

---

[1] Es gibt zwar auch einige Modelle mit zwei Gängen, aber das ist eher Schnickschnack für den Premium Bereich.

https://doi.org/10.1515/9783111712932-002

und befindet sich am Boden des Autos. Dies sorgt für eine gute Straßenlage; mit dem Elchtest (Schleudertest) haben E-Autos keine Schwierigkeit.

Eine einzelne Lithiumzelle hat gerade einmal 3,6 V Spannung. Die Batterien in Autos liefern meist 400 V oder 800 V Spannung. Mit einer höheren Spannung lässt sich das Auto schneller laden. Man schaltet deshalb Tausende von Zellen zusammen, was eine aufwendige Verkabelung erfordert. Dazu muss die Batterie gegen Überladung und gegen zu tiefe Entladung geschützt werden, gegen zu hohe Ströme, und gegen zu hohe und zu tiefe Temperaturen. Dies alles regelt eine umfangreichen Elektronik und trägt zum Gewicht der Batterie bei – wie viel, hängt von der Konstruktion ab, aber 30 % ist ein guter Schätzwert. Das Lithium selbst trägt nur einen kleinen Teil zum Gesamtgewicht bei, der größte Teil ist Graphit, Kupfer, Nickel und so weiter. Später mehr zu dem Thema.

Abb. 2: Prototyp des Tesla Roadster.

Elektromotoren sind leise, sie summen über die Straße. Als Fahrer können Sie Ihre Potenz – oder Mangel an derselben – nicht durch plötzliches Gasgeben und röhrenden Auspuff beweisen. Einerseits ist es eine Wohltat, wenn der Verkehrslärm abnimmt, andererseits ist es aber auch gefährlich. Als Fußgänger orientiert man sich bisher auch akustisch. Man horcht, woher ein Auto kommt und schätzt aus der Stärke und der Änderung des Lärms Entfernung und Geschwindigkeit ab. Für Blinde ist dies die einzige Möglichkeit, sich zu orientieren. Tiere machen das auch so. Wir wohnen in einer verkehrsberuhigten Straße, die sich Fußgänger, Radfahrer, Katzen und gelegentlich Autos teilen. Sobald die Katzen ein heranfahrendes Auto hören, stieben sie von der Straße und suchen in den Gärten Zuflucht. Es gibt Überlegungen, E-Autos mit Lautsprechern auszustatten und einen künstlichen Lärm zu erzeugen. Die Art des Geräusches ließe sich frei wählen, aber man sollte es passend wählen, also kein Porschesound zum Fiat 500E oder umgekehrt.

Weil Elektromotoren so effektiv sind, erzeugen sie kaum Abwärme. Man kann sie deshalb nicht zum Heizen benutzen wie andere Motoren. Bleibt nur eine elektrische Heizung, mit Strom versorgt von der Batterie. Normalerweise heizt man mit einer Wärmepumpe, die weniger Strom verbraucht als eine einfache elektrische Heizung. Trotzdem mindert die Heizung die Leistung der Batterie, die im Winter sowieso schlechter ist als im Sommer. Also lieber warm anziehen.

Da gegenüber dem konventionelle Auto viel Mechanik eingespart wird, gibt es viel Platz für Elektronik jeglicher Art. Nicht nur Infotainment, sondern auch Fahr- und Navigationshilfen bis hin zum automatischen Fahren. Davon handelt ein großer Teil dieses Buches. Für das Fahrwerk gibt es auch mehr Platz, so dass E-Autos einen kleineren Wendekreis haben.

Pannen gibt es meistens bei den Rädern und bei der 12 V Batterie. Wegen des schweren Gewichts werden die Räder mehr beansprucht; einige Hersteller benutzen Spezialräder. Die 12 V Batterie wird von der Lithiumbatterie geladen – eine Lichtmaschine gibt es nicht. Ist sie leer, können Sie das Auto nicht öffnen und nicht starten. Es gab so gar Fälle, wo die Insassen Hilfe beim Aussteigen benötigten, weil sich die Sitze nicht mehr verschieben ließen.

Die Batterien werden ständig weiterentwickelt; die Reichweite und Lebensdauer werden größer und die Ladezeit kürzer. Die öffentliche zugängliche Ladeinfrastruktur lässt aber noch zu wünschen übrig. Wenn Sie Ihr Auto zu Hause aufladen können mit einer sogenannten Wallbox, fein. Wenn Sie aber nur einen Laternenparkplatz für Ihr Auto haben und es an Ihrem Arbeitsplatz auch keine Ladesäulen gibt, bleiben Sie lieber bei Benzin oder Diesel – oder kaufen sich ein Lastenfahrrad.

Autonomes Fahren

Abb. 3: Autonom fahrende Droschke.

Schon die normalen Autos sind mit den Jahren immer komfortabler und sicherer geworden und bieten zahlreiche Fahrhilfen an. Elektroautos mit ihren leistungsfähigen Batterien eröffnen weitere Möglichkeiten für die Bordelektronik. Das Ziel ist jetzt das autonom fahrende Auto, das keinen Fahrer, sondern nur noch Passagiere kennt. Aber eine gute Näherung, bei der der Fahrer nur noch selten eingreifen muss, ist schon eine grosse Hilfe, vor allem bei langen Strecken.

Autonomes Fahren gab es schon zur Zeit der Droschken. Wenn der Kutscher am Abend nach getanem Tagewerk nach Hause wollte, gab er seinen beiden Gäulen je einen Klaps auf den Po, setzte sich auf den Bock, ließ die Zügel schleifen, rief ‚Hü!', schnalzte mit der Zunge, und die Pferde zogen an (s. Abb. 3). Der Kutscher schlief ein und wachte erste wieder auf, wenn er vor dem heimischen Stall stand und die Pferde wiehernd ihr Futter verlangten.

Diese Art von autonomen Fahren beruhte nicht auf künstlicher sondern auf tierischer Intelligenz. Es würde zu weit führen, hier diese beiden Arten von Intelligenz zu vergleichen, doch möchte ich anmerken, dass kein Pferd je einen Lastwagen mit einem Autobahnschild verwechselt hat, wie es einem Tesla passierte, dessen Fahrer sein allzu großes Vertrauen in die Technik mit dem Leben bezahlte.

Pferdedroschken gibt es kaum noch, ihre Absonderungen waren zu umweltschädlich. Sie wurden bekanntlich durch Motorfahrzeuge ersetzt. Bei den ersten Autos, die sich nur die Reichsten leisten konnten, musste noch ein Diener mit einer Fahne voraus gehen und die Leute warnen (s. Abb. 4). Unfälle gab es kaum – höchstens einmal einen Platten oder ein Rad, das sich selbständig machte – Tote gab es gar nicht.

https://doi.org/10.1515/9783111712932-003

Abb. 4: So fuhr man einst als Lord.

Der Diener mit der Fahne erwies sich als unpraktisch, und sein Beruf wurde abgeschafft, ein Opfer des technischen Fortschritts. Die Geschwindigkeit stieg, die Unfälle wurden gravierender, die Anzahl der Verkehrstoten stieg. Wir wollen jetzt nicht diskutieren, wie viele Tote man für das bequeme Reisen in Kauf nehmen sollte. Immerhin können Autos als Krankenwagen ja auch Menschenleben retten.

Die ersten Autobesitzer fuhren höchstens aus sportlichen Gründen selbst, ansonsten hatten sie einen Chauffeur! Übrigens ein lustiges Wort, es kommt aus dem Französischen und bedeutet ursprünglich Heizer. So nannte man bei den Dampflokomotiven den Mann, der das Feuer unter dem Kessel im Gang hielt. Bei den ersten Autos mit Dampfmaschinen brauchte man wirklich einen Chauffeur. Man hat die Bezeichnung einfach weiter verwendet, als es nichts mehr per Hand zu erhitzen gab. Wie dem auch sei, Fahren mit dem eigenen Chauffeur ist immer noch die beste Art des autonomen Fahrens! Da kann kein Assistenzsystem, keine Computersteuerung mithalten!

Wenn Sie Minister oder CEO einer großen Firma sind, können Sie gleich zu dem Kapitel über Batterien springen. Sie können aber auch Ihren Fahrer mit meiner Sara vergleichen, die ich Ihnen gleich vorstellen werde. Für alle, die sich keinen eigenen Fahrer leisten können – zu denen gehören auch die Fahrer selbst –, wurden zahlreiche Fahrhilfen geschaffen, von der Servolenkung bis zum Tempomat. Ziel dieser Entwicklung ist das vollständig autonome Fahren, bei dem man kein Lenkrad und kein Gas- oder Bremspedal braucht. Auf dem Weg dahin unterscheidet die Autoindustrie fünf Stufen des autonomen Fahrens, von Stufe eins bis Stufe fünf, mit denen wir uns später beschäftigen werden. Die ersten Autos mit dem vorauseilenden Diener sind dabei nicht berücksichtigt, sie wären wohl die Stufe minus Eins. Aber egal, schauen wir uns erst einmal an, wie mein perfektes autonomes Auto der Zukunft funktionieren wird.

Fahren mit Sara

Müde und gestresst verlasse ich die Sitzung und gehe zu meinem Auto. Um zwei Stunden haben wir die vorgesehene Zeit überzogen. Der Vorsitzende fand immer wieder neue Probleme, die dringend diskutiert werden mussten. Ich glaube, er hatte einfach keine Lust nach Hause zu gehen, wo ihn Frau und Kinder nerven würden – oder richtiger, wo er Frau und Kinder nerven würde.

„Ich bin's", sage ich zu meinem Auto, die Tür zum Fond öffnet sich, ich steige ein und lasse mich auf die Rückbank fallen. „Nach Hause", murmle ich. „Wolfgang, Du bist müde", meldet sich meine Assistentin Sara. „Du nuschelst. Ich nehme an, Du willst nach Hause." – „Richtig, nach Hause, und lege bitte etwas Entspannendes auf, vielleicht Leonard Cohen?" – „Ganz wie Du willst."

Zu den ersten Takten von *So long, Marianne* schnurrt der Elektromotor an, der Wagen fährt langsam durch das Tor des Parkplatzes und biegt Richtung Autobahn ab. Ich nehme das Handy und schicke noch schnell Botschaften an meine Frau und meine beiden Kinder, dann lege ich mich zurück. Während ich überlege, ob ich meine Frau und Kinder wohl auch nerve, schlafe ich ein, ohne zu einer schlüssigen Antwort gekommen zu sein.

Ich werde wach, als der Wagen stark abbremst. „Wer hat Dich denn programmiert, Du blöder Klumpen Silizium", höre ich Sara leise fluchen. Vor uns fahren zwei weiße Lieferwagen parallel mit derselben Geschwindigkeit und blockieren beide Spuren der Autobahn. Sara betätigt mehrmals die Lichthupe, aber ohne Erfolg. Sie hat gemerkt, dass ich wach bin und fragt: „Darf ich hupen?" – „Ja, bitte, vielleicht haben die ja wenigstens akustische Sensoren." Sara hupt mehrmals penetrant. Schließlich beschleunigt der linke Lieferwagen, überholt den rechten, und die Spur ist frei. Sara gibt Gas und schimpft im Vorbeiziehen: „Lass Dir mal einen Akzelerator-Chip einbauen, Du Blindschleiche."

Ich lege mich wieder entspannt zurück, schlafe ein und werde erst wach, als der Wagen langsam in die Garage rollt. Sara meldet sich: „Während Du geschlafen hast, sind zwei Botschaften eingetroffen: Deine Kinder wollen heute bei der Oma bleiben und bei ihr übernachten. Deine Frau ist in der CuBar und trinkt noch einen Cocktail mit ihrer Freundin Dagmar. Sie kommt in etwa einer Stunde und bringt Sushi mit. Du sollst schon mal eine Flasche Chablis kalt stellen." Nach einer kurzen Pause fragt sie mich (s. Abb. 5): „Soll ich Franziska ausrichten, dass Sie Dir ein heißes Bad bereiten und ein großes Glas Cognac auf den Rand der Wanne stellen soll?" – „Ach Sara, Du kennst meine geheimsten Wünsche. Du bist die einzige Frau, die mich versteht. Ich liebe Dich!" Sara zögert, dann räuspert sie sich. „Gefühle sind nicht meine Stärke. Ich bin so programmiert, dass ich in jeder Situation kühl und rational bleibe. Tut mir leid, dass ich Dir keine enthusiastische Antwort geben kann." – „Ist schon gut, Sara, genau deshalb liebe ich Dich. Bleib so, wie

Du bist." Beim Aussteigen murmle ich: „Und jetzt gute Nacht, Sara." – „Gute Nacht, Wolfgang", tönt es zurück. Täusche ich mich, oder ist da wirklich ein neuer, warmer Unterton in ihrer Stimme?

jose zagal 25

Abb. 5: Ein wohlverdienter Drink.

Die fünf Stufen zum autonomen Fahren

Bis die Software so intelligent und einfühlsam ist wie meine Sara, wird noch viel Zeit vergehen. Obwohl kürzlich ein Ingenieur von Google behauptet hat, die von dieser Firma entwickelte Software LaMDA, eine Konversations-Software, mit der man über alles Mögliche reden kann, habe ein Bewusstsein. Eine unwissenschaftliche Behauptung, die man weder beweisen noch widerlegen kann. Der Ingenieur wurde gefeuert.

Ein berühmter Test für künstliche Intelligenz ist der Turing Test, benannt nach einem berühmten Mathematiker und Informatiker. Vereinfacht gesagt, besteht ein Computer den Turing Test, wenn er in einer längeren Unterhaltung, die über Tastatur und Bildschirm geführt wird, für einen Menschen gehalten wird. Sara würde den Test mit Glanz und Gloria bestehen, aber ansonsten wirft er mehr Fragen auf, als er beantwortet. Was ist, wenn man den Computer für einen dummen Menschen hält? Oder wenn der Mensch der testet, zu dumm ist? Oder wenn man sich mit einem Menschen austauscht, der so dumm ist, dass man ihn für einen Computer hält? Einen frustrierenden Austausch von e-mail oder WhatsApp können Sie mit einem einfachen Satz beenden: „Sorry, aber Sie sind gerade beim Turing Test durchgefallen."

Lassen wir das Thema, und schauen wir uns die fünf Stufen zum autonomen Fahren an, wie sie die deutsche Automobilindustrie definiert.[1]

Stufe 0 Selbstfahrer – Fahrer macht alles selber.

Stufe 1 Assistiertes Fahren

Stufe 2 Teilautomatisiertes Fahren

Stufe 3 Hochautomatisiertes Fahren

Stufe 4 Vollautomatisiertes Fahren

Stufe 5 Autonomes Fahren

Schauen wir uns die verschiedenen Stufen im Einzelnen an.

Stufe 0 – Fahrer macht alles selber

Auf dieser Stufe bin ich jahrelang mit meinem ersten Auto, einem alten Renault R4, durch die Gegend gefahren. Nicht einmal eine Servolenkung hatte er – in den Alpen musste ich mit aller Kraft kurbeln – und einen Bremsverstärker hatte er eben so wenig. Einen rechten Außenspiegel gab es auch nicht. Um zu sehen, was sich auf der rechten Seite abspielte, musste ich entweder den Kopf ganz weit nach rechts drehen oder den Kopf nach links beugen und versuchen, im Innenspiegel einen Blick nach rechts zu erhaschen. Beim Einparken in enge Lücken musste ich mich einweisen lassen oder, wenn ich alleine im Auto saß, zwischendurch kurz aussteigen und die Abstände überprüfen. Einziger Vorteil: Ich kam nie in Gefahr einzuschlafen, ich war ja dauernd beschäftigt. Allerdings musste ich alle zwei Stunden eine Pause machen oder mich am Steuer ablösen lassen. Dass der Wagen untermotorisiert war, versteht sich von selbst. Immerhin, das war aktives Autofahren und erforderte fahrerisches Können.

Die Stufe 0 war assisistiertes Fahren in einem anderen Sinne: Der Fahrer assistierte dem Auto, damit es fahrtüchtig blieb. Man kontrollierte, und falls nötig regulierte, den Ölstand, die Bremsflüssigkeit, Wasser und Ladestand der Batterie, Einstellung des Vergasers, Luftdruck der Reifen und Kühlwasser – letzteres nur, falls Sie keinen VW-Käfer fuhren, der eine Luftkühlung hatte. Kleinere Reparaturen wie Austauschen der Zündkerzen führte man selber durch.

Falls Sie heute auf der Stufe 0 fahren, haben Sie einen Oldtimer (s. Abb. 6) und fahren nur bei gutem Wetter und weil es Ihnen Spaß macht.

---

1 Quelle: de.wikipedia.org/wiki/Autonomes Fahren

Abb. 6: Luxuriöses Fahren auf der Stufe 0.

Stufe 1 – Assistiertes Fahren

Fast alle Autos, die heute auf dem Markt sind, sind mindestens auf diesem Niveau ausgerüstet. Verschiedene Hilfen erleichtern uns das Fahren. Dazu gehören Servolenkung und
Bremsverstärker, und auf Wunsch, automatisches Getriebe. Die Sicherheit wird durch
Antiblockiersystem (ABS) und ein elektronisches Bremssystem erhöht, das einzelne Räder ansprechen und so das Auto stabil halten kann (elektronisches Stabilitätsprogramm,
kurz ESP). Mein Auto hat eine Einparkhilfe mit akustischem Warnton und eine Rück-
fahrkamera. Die zwei oder drei Blechschäden, die ich in meinem Leben angerichtet
habe, sind mir beim Rückwärtsfahren passiert. Aber natürlich erlaubt mir mein Auto
nicht, auch nur eine Sekunde unaufmerksam zu sein.

Stufe 2 – Teilautomatisiertes Fahren

Bei dieser Stufe muss ich mich jederzeit auf den Verkehr konzentrieren und die Hände
am Lenkrad halten. Auf der Autobahn und bei schönem Wetter hält Sara den Wagen in
der Spur, kontrolliert den Abstand zum Vordermann und bremst automatisch bei brenz-
ligen Situationen, sie ermöglicht mir also ein entspannteres Fahren. Auf amerikanischen
Highways, auf denen bei freier Fahrt alle Autos mit der erlaubten Höchstgeschwindig-
keit von 65 m/h fahren, ist auch cruise control nützlich, bei dem der Wagen eine einstell-
bare Geschwindigkeit einhält. Bei schlechtem Wetter oder im Stadtgetümmel fährt sich
der Wagen aber wie im Niveau 1, assistiertes Fahren, siehe oben. Die zusätzlichen Hilfen
sind dann nutzlos.

Stufe 3 – Hochautomatisiertes Fahren

In einfachen Situationen kann das Auto selbständig fahren, der Fahrer kann sich anderen Dingen zuwenden, muss aber stets einsatzbereit sein. Wenn Sara nur hochautoma-
tisch fahren könnte, sähe meine Heimfahrt so aus:

Ich setze mich auf den Fahrersitz und lege beide Hände auf das Lenkrad. Als ich „nach Hause" sage, fährt der Wagen bis zum Ausgangstor, aber auf der Straße herrscht Chaos: Die Ampel an der Ecke ist ausgefallen, die Autos schieben sich langsam zur Kreuzung, es wird gehupt und geflucht. „Übernimm Du", meldet sich Sara, „das ist mir zu unübersichtlich." Seufzend versuche ich, mich in den Verkehr einzufädeln. Ich habe Glück: Ein netter Fahrer winkt mir zu und lässt mich vor. Klar, Sara hätte seine Geste nicht zu deuten gewusst und wäre einfach stehen geblieben. Nach einer gefühlten Stunde habe ich endlich die Ausfallstraße erreicht und lasse Sara wieder fahren, konzentriere mich aber weiter auf den Verkehr, so dass ich jederzeit eingreifen kann. Als wir die Autobahn erreichen, ist Sara in ihrem Element. Ich entspanne mich, schreibe ein paar Botschaften per e-mail und WhatsApp, halte aber immer ein Auge auf die Fahrbahn. Aber bei dem schönen Wetter fährt Sara zügig und problemlos. Als wir von der Autobahn abbiegen, konzentriere ich mich wieder ganz auf den Verkehr, aber Sara kennt die kurze Strecke bis zu meinem Haus. Wenig später halten wir in meiner Garage. „Danke, Sara", murmle ich und freue mich auf einen entspannten Abend.

Stufe 4 – Vollautomatisiertes Fahren

Das Auto fährt alleine, aber in Ausnahmefällen muss der Fahrer eingreifen, etwa so:

Ich setze mich nicht auf die Rückbank, sondern auf den Fahrersitz. Schließlich muss ich notfalls eingreifen, was aber nur ganz selten vorkommt. „Nach Hause, Sara" – „Ganz wie Du willst, Wolfgang", und der Wagen schnurrt los. Ich tippe noch schnell ein paar Botschaften in mein Handy, dann schließe ich die Augen und schlafe ein. Ich werde wach, als der Wagen scharf bremst und rechts ran fährt (s. Abb. 7). „Wolfgang, übernimm Du", meldet sich Sara, „ich bin nicht sicher, wie ich reagieren soll." Vor uns ist offenbar ein Unfall passiert. Ich sehe Blaulicht, alle Autos haben rechts angehalten, einige Polizisten kommen auf uns zu. Das Radio meldet sich: „Es ist ein kleinerer Unfall vor Ihnen, die linke Spur ist frei. Bitte befolgen Sie die Signale der Polizisten; sobald Sie dazu aufgefordert werden, fahren Sie langsam, aber zügig auf die linke Spur und be-

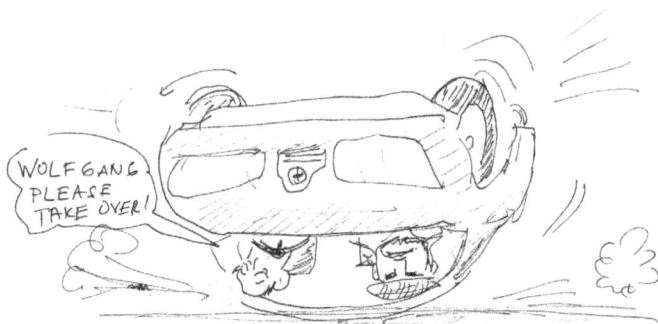

Abb. 7: Die Grenzen der künstlichen Intelligenz.

schleunigen Sie erst, wenn Sie die Unfallstelle passiert haben." Ich nehme das Steuer in die Hand und warte, bis man mich auf die linke Spur winkt. Als die Autobahn wieder frei ist, übergebe ich wieder an Sara, die sich artig für meine Hilfe bedankt. Schlafen kann ich jetzt nicht mehr; so schaue ich mir auf dem Bildschirm eine Folge von Downton Abbey an. Ich stelle mir vor, ich säße in einem der alten Autos von 1920 und Sara würde mich mit *my Lord* anreden, und muss lachen. Ich komme ohne weitere Zwischenfälle zu Hause an, als der Abspann läuft.

Stufe 5 – Autonomes Fahren

Es gibt keinen Fahrer mehr, kein Lenkrad, keine Bremse oder ein Gaspedal. Das Auto fährt völlig selbständig, etwaige Befehle gibt man verbal. Selbst wenn das Auto wegen eines Fehlers in der Software oder eines böswilligen Hackerangriffs auf einen Abgrund zu rast, kann man nicht mehr eingreifen. Man braucht schon eine so gute virtuelle Fahrerin wie meine Sara, um sich sicher zu fühlen. Wir kommen noch einmal auf dieses Thema zurück.

Fast alle Autos, die heute auf dem Markt sind, fahren auf der Stufe 2. Der Käufer kann verschiedene Pakete auswählen und bestimmen, wie weit er sich unterstützen lassen will. Bis zu diesem Niveau gibt es keine prinzipiellen Probleme, da der Fahrer seine ganze Aufmerksamkeit dem Fahren widmen muss. Kritisch ist der Übergang zur Stufe 3, wenn der Fahrer zwar einsatzbereit sein muss, sich aber durchaus Filme anschauen oder e-Mails schreiben darf. Natürlich wetteifern viele Firmen darum, ihre Autos auf diesem oder sogar einem höheren Niveau fahren zu lassen.

Die entsprechende Gesetzgebung ist von Land zu Land unterschiedlich. Am liberalsten ist sie in den USA, aber auch dort variiert sie von Staat zu Staat. In Deutschland bietet Mercedes seit April 2022 für seine S- und EQS-Klasse das System DRIVE PILOT an, das unter bestimmten Bedingungen das hochautomatisierte Fahren auf der Stufe 3 erlaubt. Die Bedingungen sind allerdings sehr einschränkend: Unter anderem: Stau oder hohes Verkehrsaufkommen auf der deutschen Autobahn, vorausfahrendes Fahrzeug, Geschwindigkeit < 60 km/h, gute Straßenverhältnisse (Fahrbahnmarkierungen vorhanden, keine Tunnel, keine Baustellen), Tageslicht, geeignetes Wetter (keine Nässe, keine winterlichen Bedingungen), Autobahn auf hochauflösender Karte gespeichert.[2] Das vorausfahrende Auto – natürlich ohne DRIVE PILOT Modus – darf auch nicht schneller als 60 km/h fahren und darf die Spur nicht wechseln. Wird der Abstand zwischen den beiden Autos zu groß, muss der Fahrer des nachfahrenden Autos wieder die Kontrolle übernehmen. Dazu ist das System nur auf bestimmten Autobahnabschnitten in Deutschland zugelassen. Immerhin, sollte trotz korrekter Anwendung mit dem DRIVE PILOT ein Unfall passieren, haftet Mercedes.

---

2 www.mercedes-benz.de/passengercars/technology-innovation/Soeben, Juni 2025, hat Mercedes das Tempolimit auf 95 km/h angehoben.

Der DRIVE PILOT kostet von 6000,- Euro aufwärts, ein überaus verlockendes Angebot, wenn man gerne auf der Autobahn im Stau steht und dazu noch jemanden zur Verfügung hat, der diese Passion teilt und mit einem anderen Auto voraus fährt.

Abb. 8: Tragisches Misverständnis.

Natürlich glaubt Mercedes selber nicht, dass sich die Käufer jetzt auf diese Option stürzen. In Wirklichkeit geht es darum, die Technik zu testen und weiter zu entwickeln, und natürlich will man auch im Image-Streit mit Tesla punkten. Fast alle großen Autohersteller, dazu andere Firmen wie Google, Amazon, und Waymo, haben Programme für das autonome Fahren auf den Stufen drei bis vier (s. Abb. 8).

Fahrerloses autonomes Fahren gibt es bisher nur in wenigen, streng definierten Bereichen, etwa wenn besondere Spuren für diese Autos angelegt sind, oder in ruhigen Vororten. Bei manchen Programmen sitzt noch ein Ingenieur im Auto, bei anderen gibt es nur noch Passagiere. Es gibt eine Vielzahl von Projekten; es lohnt sich nicht, eine Übersicht zu geben, denn sie wäre schon veraltet, wenn das Buch gedruckt wird. In Kalifornien gibt es eine spezielles Programm, bei dem man autonomes Fahren beantragen kann: www.dmv.ca.gov/portal/file/autonomous-vehicle-tester-atv-program-application-for-manufacturers-testing-permit-driverless-vehicles-ol-318-pdf/. Unter anderem wird darin gefordert, dass das Auto jederzeit mit einem entfernten Ingenieur (remote operator) verbunden ist. Alle Unfälle müssen direkt gemeldet werden, und die Unfallberichte der letzten Jahre kann man auf der Homepage von dmv.ca.gov einsehen. Dort ist aber nichts Spektakuläres berichtet: Nur triviale kleine Unfälle, oft ohne Sachschaden. Das liegt natürlich daran, dass die Testfahrten nur in ruhigen, übersichtlichen Gebieten bei gutem Wetter und niedrigen Geschwindigkeiten stattfinden.

In einigen Städten, z. B. San Francisco und Las Vegas, gibt es schon automatische Taxis, sogenannte Robotaxis, der Firma Waymo; ähnliches gilt für einige chinesische Städte, aber darüber gibt es weniger Information. In San Francisco kann jeder ein Robotaxi mit einer App bestellen. Die fahrerlosen Autos mit den großen Sensoren auf dem Dach und an den Seiten kommen pünktlich und zeigen die Initialen des Kunden an. Der kann es mit dem Handy öffnen, einsteigen, und sich im Stadtbereich kutschieren lassen. Die Firma hat eine Flotte von normalen Autos, die täglich den Einsatzbereich abfahren und die Navigation aktualisieren. Lediglich bei starkem Unwetter haben die Autos Probleme. Dann kann es dem Passagier passieren, dass sein Taxi an den Straßenrand fährt und anhält, bis die Sicht wieder klar ist.

Die Firma Zoox steht kurz vor der Einführung ihrer Robotaxis in ausgewählten Städten. Ihre Wagen sehen aus wie gigantische Toaster auf Rädern. Sie haben weder Lenkrad noch Pedale und können in beide Richtungen fahren. Ansonsten folgen sie dem Beispiel von Waymo und fahren nur auf ausgewählten, ständig kontrollierten Routen. Dagegen hat General Motors sein Robotaxi-Programm eingestellt, nach dem einem Testfahrzeug ein schwerer Unfall passiert ist.

Natürlich sind auch die Robotaxis nicht perfekt und haben schon mehrere Unfälle verursacht. Aber nach der Statistik, die allerdings noch begrenzt ist, fahren sie sicherer als menschliche Taxifahrer. Zudem werden sie nicht müde, brauchen keine Pause zum Essen oder Toilettenbesuche, und lassen sich nicht durch Handy oder nervige Passagiere ablenken. Sie erwarten auch kein Trinkgeld, wie es in den USA üblich ist. In San Francisco sind die Robotaxis billiger als die normalen. Ob sich das für das Unternehmen wirklich rechnet, ist nicht klar. Zwar spart man die Kosten für den Fahrer, aber Robotaxis mit ihren Sensoren und der zusätzlichen Hard- und Software sind in der Anschaffung viel teurer als normale Autos. Vermutlich sind sie auch reparaturanfälliger, denn wo mehr Technik ist, kann auch mehr kaputt gehen. Vielleicht werden die Preise angehoben, wenn sich die Kundschaft an sie gewöhnt hat.

Ich selbst würde ein Robotaxi höchstens für kurze Stadtfahrten benutzen. Bei längeren Fahrten, vor allem im Ausland, möchte ich einen Fahrer haben, mit dem ich wenigstens ein paar Worte wechseln kann. Vermutlich kann man in Robotaxis mit ChatGTP reden, aber das hat nicht den selben Charme.

Und wie reagiert ein Robotaxi in einem Notfall? Vor einigen Jahren flog ich von Cordoba, Argentinien, über Buenos Aires nach Frankfurt. In Buenos Aires musste ich den Flughafen wechseln, von Aeroparque nach Ezeiza. Mit dem Bus dauert das neunzig Minuten, mit dem Taxi normalerweise eine Stunde. Wegen eines Gewitters kam ich erst 45 Minuten vor dem Abflug in Aeroparque an. Ich sprang ins nächste Taxi und erklärte dem Fahrer die Situation. Während er schon losbrauste, erklärte er mir, er sei zehn Jahre lang Rallies gefahren, habe aber aufgehört, als seine Tochter geboren wurde. Er fuhr nicht über die großen Routen, die immer verstopft sind, sondern über kleine Straßen am

Stadtrand. Geschwindigkeitsbeschränkungen ignorierte er. 15 Minuten vor Abflug kam ich am Lufthansaschalter an. ‚Da sind Sie ja endlich‘, begrüßte mich die Dame am check-in Schalter, ‚Kommen Sie, ich bringe Sie schnell durch die Kontrollen.‘ Wenig später saß ich im Flieger und freute mich über den leeren Sitz neben mir, den keiner mehr besetzen würde. Wie hätte ich einem Robotaxi die Lage erklärt, und wie hätte es reagiert, so es mich verstanden hätte? Hätte es mir gesagt: ‚Das schaffen wir nicht!‘, und wäre stehen geblieben?

Wie funktionieren autonom fahrende Autos?

Beim Autofahren braucht man eine sehr gute Übersicht darüber, was im Verkehr vor sich geht. Wir Menschen benutzen dazu zwei Augen, gelegentlich die Ohren. Die Nase kommt nur zum Einsatz, wenn es irgendwo zu schmoren oder gar zu brennen beginnt. Unser Gehirn verarbeitet die diversen Sinneseindrücke zu einem Gesamtbild.

Ein für das autonome Fahren ausgerüstetes Auto braucht statt Augen und Ohren eine Vielzahl von Sensoren der verschiedensten Art (s. Abb. 9), die sich gegenseitig ergänzen und Information an einen zentralen Computer liefern. Hier eine Liste ohne Anspruch auf Vollständigkeit.

- Das **GPS** gibt die Position des Autos mit einer Genauigkeit von etwa fünf Metern an. In Verbindung mit hochauflösenden Karten und aktuellen Verkehrsinformationen hilft es, die Route zu planen. Funktioniert also wie das GPS in unserem Auto, aber der Computer entscheidet die Route.
- **Hochauflösende Kameras** entsprechen unseren Augen, aber das Auto kommt natürlich nicht mit zweien aus, sondern braucht eine Vielzahl, die das Geschehen aus den verschiedensten Perspektiven abbilden.
- **Sonar**, also akustische Signale. Im passiven Modus funktioniert das wie unsere Ohren, im aktiven Modus verhält es sich wie eine Fledermaus, sendet akustische Impulse im nichthörbaren Bereich aus und horcht auf das Echo. Ortet feste Objekte in kurzen Abständen und funktioniert auch bei völliger Dunkelheit – deswegen haben die Fledermäuse es ja entwickelt.
- **Radar** funktioniert wie Sonar, sendet aber stattdessen Radiowellen aus. Wird schon seit Langem in Luft- und Schifffahrt benutzt und natürlich auch zur Verkehrsüberwachung, insbesondere Geschwindigkeitskontrollen. Funktioniert über größere Entfernungen und ist nur wenig von den Wetterbedingungen abhängig, ist aber weniger gut darin, Objekte zu identifizieren.
- **Lidar** funktioniert wie Sonar oder Radar, sendet aber stattdessen Tausende von Laserstrahlen im nichtsichtbaren Infrarotbereich aus und analysiert die reflektierten Strahlen. Liefert ein sehr präzises Bild auch von kleinen Objekten, kann aber durch schlechtes Wetter beeinträchtigt werden.
- **Beschleunigungssensor** tut genau das, was sein Name sagt; er misst, ob und wie stark das Auto beschleunigt oder bremst.

Abb. 9: Voll ausgerüstetes autonom fahrendes Auto.

Übrigens: Tesla verzichtet auf Lidar mit der Begründung, das sei zu teuer, und verlässt sich auf Kameras. Alle Autos sind redundant mit Sensoren ausgerüstet; sollten einer oder zwei ausfallen, wird ihre Funktion von anderen übernommen. Tesla Autos leiten die Aufnahmen ihrer Kameras an Tesla weiter, wo sie zu einer präzisen, aktuellen Routenkarte verarbeitet werden.

An Stelle unseres Gehirns gibt es einen Hochleistungscomputer, der alle diese unterschiedlichen Informationen verarbeitet, zu einem Bild des Verkehrsgeschehens zusammensetzt, und entscheidet, wie das Auto fahren soll. Natürlich kann man den Rechner nicht auf alle möglichen Fälle vorprogrammieren, und deswegen verlässt man sich auf künstliche Intelligenz und trainiert die Software an einer Vielzahl von Fällen. In der Tat, die Computerleistung beim autonomen Fahren, sowohl bei der Hardware als auch bei der Software, ist bewundernswert. Allerdings macht ein normaler gesunder Mensch, der nicht gerade übermüdet ist, dies alles mit viel weniger Aufwand, aber es beruhen ca. 90 % der Autounfälle auf menschlichem Versagen. Autonomes Fahren wird sich nur durchsetzen, wenn es die Anzahl der schweren Unfälle drastisch reduziert.

In der Tat hat das teilautonome Fahren mit seinen Hilfssystemen das Autofahren schon viel sicherer gemacht. Um wie viel die Künstliche Intelligenz das noch verbessern kann, muss man abwarten. Sie ist ja nicht wirklich intelligent, sondern wird an einer Unmenge von Daten trainiert. Aber Unfälle ereignen sich meist bei ungewöhnlichen Situationen, die in den Trainingsdaten nur selten vorkommen.

Vernetztes Fahren

Alle mehr oder weniger autonomen Autos halten Kontakt zu ihrem Hersteller, der automatisch Updates für die Software oder das Kartenmaterial aufspielt. Aber die Autos können auch wertvolle Informationen an den Hersteller liefern. So benutzt Tesla die Bilder, die von der Frontkamera der Autos aufgenommen werden, zur Verbesserung der Karten. Laut Tesla sind seine Karten viel aktueller und detailreicher als die von Google oder anderen Konkurrenten. Dazu erfordert Künstliche Intelligenz Unmengen von Energie, und die ist gerade bei batteriebetriebenen Autos kostbar.

In Zukunft sollen aber auch die Autos untereinander kommunizieren können. Es gibt die Vision eines vernetzten Fahrens, bei dem sich innerhalb eines Bereichs alle Fahrzeuge und Verkehrszeichen miteinander austauschen. Dies ist aber schon aus technischen Gründen unmöglich: Es setzt voraus, dass alle Fahrzeuge in das selbe System eingebunden sind, das aus komplizierter Elektronik und entsprechender Software besteht. Je größer ein solches System ist, desto anfälliger ist es gegen Störungen und Fehler. Dazu verbrauchte es Unmengen von Energie und benötigte Supercomputer, die die anfallenden Information schnell und fehlerlos auswerten und die Fahrzeuge entsprechend steuern können. In der Süddeutschen Zeitung vom 18.1.2020 wird spekuliert, dies könnten in der Zukunft Quantencomputer leisten. Die Insassen des Autos müssen sich dann aber warm anziehen, da ein Quantencomputer nur bei Temperaturen unterhalb von 4 K (−268 °C) funktioniert. Abgesehen davon sind Quantencomputer besonders fehleranfällig.

Vernetztes Fahren setzt voraus, dass alle Verkehrsteilnehmer eingebunden sind. Autos dürfen dann nicht mehr von Menschen gesteuert werden, die sind ja unberechenbar und bringen alles durcheinander. Motorräder, Motorroller, ja selbst Fahrräder dürften nicht mehr am normalen Verkehr teilnehmen. Eine unrealistische Vorstellung. Vernetztes Fahren kann man in einem begrenzten übersichtlichen Raum, etwa bei Straßenbahnen, implementieren, aber nicht im Chaos des täglichen Verkehrs.

Die Zukunft des autonomen Fahrens – eine Spekulation

Vorhersagen sind bekanntlich schwierig, besonders wenn sie die Zukunft betreffen. Trotzdem gebe ich jetzt meine persönliche Meinung zur Entwicklung des autonomen Fahrens wieder. Die Technik, die man zum autonomen Fahren braucht, macht stetige Fortschritte. In manchen Teilbereichen des Verkehrs kann man das autonome Fahren auf Stufe 4 bald einführen. Die großen Autofirmen verhalten sich unterschiedlich: Manche setzen auf autonomes Fahren in der nächsten Zukunft, andere Firmen wie General Motors haben ihre Programme für Robotaxis eingestellt.

Fahren auf Autobahnen stellt keine allzu großen Ansprüche. Man wird ein Tempolimit von 120 oder 130 km/h einführen, so dass es keine allzu großen Unterschiede in der Geschwindigkeit gibt und die Sensoren nicht von einem Porsche überfordert werden, der mit 250 km/h von hinten angebraust kommt. Abstand halten, Spur wechseln, und Überholen bei übersichtlicher Verkehrslage beherrschen die Systeme schon heute. Auch gemischter Verkehr, teils automatisiert, teils nicht, sollte keine Probleme bereiten, so lange sich alle an die Verkehrsregeln halten. Lediglich ein Unwetter kann den Fahrassistenten ausbremsen, aber das gilt genau so für menschliche Fahrer. Beim Verlassen der Autobahn geht man besser auf Stufe 3 zurück, wenn der Verkehr unübersichtlich wird.

Fahren auf Autobahnen ist der langweiligste Teil des Autofahrens; wenn man das dem Assistenten überlassen kann, hat man viel an fruchtbarer Zeit gewonnen. Außerdem wird das gefährliche Einschlafen am Steuer eliminiert. Als Alternative bietet sich die Kombination Taxi-Bahn-Taxi an, aber oft braucht man das Auto ja noch für weitere Fahrten. Auch wenn man in die Ferien fährt, ist es oft einfacher, den Kofferraum voll zu laden und los zu fahren.

Öffentlicher Nahverkehr hat ja heute schon oft seine eigenen Spuren und eigene Ampelphasen. Unter diesen Voraussetzungen lässt sich der Betrieb weitgehend autonom gestalten. Dies funktioniert heute ja schon bei speziellen Linien wie Flughafenbahnen.

Militär Hier geht die Tendenz ja seit langem zu ferngesteuerten Waffen, und neben Drohnen werden auch autonome Fahrzeuge ihren Platz finden.

Taxis fahren schon heute autonom in bestimmten Gebieten; das sind die sogenannte Robotaxis. In den USA sind sie schon üblich, in Deutschland gibt es Pläne z. B. für München oder Hamburg. Bisher muss in Deutschland noch ein Fahrer im Auto sitzen, aber der könnte bald wegfallen. Autonome Taxis sind besonders teuer wegen der ganzen Technik, die sie brauchen. Damit sich der Dienst rentiert, muss er natürlich etwas kosten. Die Frage ist, ob er mit gewöhnlichen Taxis oder mit Fahrzeugen von Uber konkurrieren kann.

Lastwagen fahren meist auf der rechten Spur von Autobahnen in einer endlosen Kolonne. Die könnte problemlos autonom fahren. Bei der Ausfahrt wird der Fahrer aufgeweckt und setzt sich hinters Steuer, um eingreifen zu können.

Ethische Fragestellungen

Die Einführung von autonomen Fahren lohnt sich nur, wenn dadurch die Anzahl von Unfällen und vor allem von Verkehrstoten reduziert wird. Mit Einschlafen am Steuer, Fahren unter dem Einfluss von Alkohol oder Drogen, und der Unaufmerksamkeit des Fahrers fallen wichtige Gründe für Unfälle fort. Auch überhöhte Geschwindigkeit und Überholen an unübersichtlichen Stellen sollte beim autonomen Fahren nicht vorkommen, so dass insgesamt das Autofahren sicherer werden sollte. Ob autonome Autos ihre eigenen Schwächen haben, die sie in manchen Situationen Fehler machen lässt, die ein Mensch nicht beginge, muss sich noch erweisen.

Dilemma Situationen

Sie fahren auf einer engen, einspurigen Straße, und plötzlich läuft ein Kind vor den Wagen. Sie könnten rechts auf den Gehweg ausweichen, aber dort stehen zwei Rentner und unterhalten sich. Sollen Sie das Kind oder die beiden Rentner überfahren? Gibt es irgendwelche Kriterien, nach denen Sie sich entscheiden können? Man kann die Frage mannigfaltig variieren: An Stelle des Kindes kommt Ihnen ein junger Motorradfahrer mit überhöhter Geschwindigkeit entgegen, auf dem Gehweg steht ein Rollstuhlfahrer. Man kann sie erweitern: Sie könnten links gegen einen Baum fahren und die anderen verschonen.

Im normalen Leben treten schon einmal Situationen auf, bei denen man zwischen zwei Übeln wählen muss. Oft ist es egal, was man dann tut, es erweist sich hinterher stets als falsch. Soll ich A oder B zum Freund nehmen? Egal, wen immer Du nimmst, er wird sich als Langweiler und schlechter Liebhaber entpuppen. Aber ein Dilemma beim Autofahren? Ich kenne keinen, der je in ein solches Dilemma geraten wäre. Und wenn man wirklich einmal in eines hinein gerät, handelt man instinktiv. Da man ja keine Zeit zum Überlegen hat, kann man nicht abwägen, welches die moralisch richtige Wahl ist und ist deswegen auch nicht schuldig im ethischen Sinne.

Beim autonomen Autofahren reagiert in solch einer Situation aber der Computer. Der entscheidet so, wie er programmiert wurde, und kann natürlich keinerlei Verantwortung tragen. Die liegt bei dem Team, das den Computer programmiert hat. Das Team hat ja nun reichlich Zeit zu entscheiden, nach welchen Kriterien das Auto reagieren soll. Dieses Problem wirft allerdings eine Reihe ethischer Fragen auf, mit denen sich Philosophen, Psychologen, Soziologen, ja sogar eine eigens eingesetzte Ethik-Kommission der Bundesregierung beschäftigt haben und immer noch beschäftigen. Angesichts der geringen Relevanz dieser Probleme für die Praxis mag einen diese ausgiebige Diskussion verwundern, andererseits aber rühren sie an grundlegende Fragen, wie z. B. den Wert eines Menschenlebens. Kann ein Leben mehr wert sein als ein anderes? Zudem ist der diskutierende Personenkreis dankbar, ein solch Aufsehen erregendes Thema gefunden zu haben, mit denen er Schlagzeilen machen und seine Existenz berechtigen kann.

Politisch korrekte Regeln

Natürlich gibt es keine allgemein gültige Antwort auf diese Fragen, und verschiedene Kulturen haben verschiedene Werte. So werden in manchen asiatischen Kulturen alte Leute besonders geschätzt, mehr als bei uns. Der Computer, der das Auto steuert, braucht aber klare Regeln. In unserem Kulturkreis muss man sich an den dominanten links-feministischen Gender-Mainstream halten, und der gibt klare Vorgaben, auf Grund derer man Menschenleben verschiedene Werte zuordnet, die man leicht in einem Punktekatalog zusammen fassen kann, wie in Tabelle 1 aufgelistet. Der Computer muss das Auto dann so steuern, dass er eine möglichst kleine Anzahl von Punkten auslöscht.

Natürlich ist es für den Computer nicht einfach, die verschiedenen Personenkreise zu unterscheiden, aber mit artificial intelligence und deep learning lässt sich dieses Problem lösen.

Tab. 1: Punktetabelle für potentielle Verkehrsopfer.

alter weißer Mann, hetero	1 Punkt
weißer Mann, hetero	2 Punkte
weißer Mann, schwul	3 Punkte
weiße Frau, hetero	3 Punkte
weiße Frau, lesbisch	4 Punkte
weiße Person, trans oder bi	5 Punkte
farbiger Mann, hetero	3 Punkte
farbiger Mann, schwul	4 Punkte
farbige Frau, hetero	4 Punkte
farbige Frau, lesbisch	5 Punkte
farbige Person, trans oder bi	6 Punkte
süßes kleines Kätzchen	10 Punkte

Die Schwierigkeiten in der Umsetzung dieses moralischen Konzepts liegen woanders: Die Software-Ingenieure, die die Computer programmieren, sind fast ausschließlich weiße heterosexuelle Männer – der Beitrag farbiger trans- und bisexueller Personen zur Software-Entwicklung ist sehr überschaubar, was an ihrer fortwährenden Diskriminierung liegt. Es ist nur eine Frage der Zeit, bis sich ihre moralische Überlegenheit in eine technologische überträgt, aber bis dahin stehen wir vor einem wirklichen Dilemma. Perfide, wie weiße Männer nun einmal sind, werden sie in den Tiefen der Software eine Umwertung vornehmen: Sie setzen den Wert des Kätzchens auf 0 Punkte und weisen den Computer an, die Anzahl der ausgelöschten Punkte zu maximieren.

Die Situation ist tragisch, denn man braucht verpflichtende Regeln, die auch für importierte Autos gelten – andernfalls werden weiße Personen über fünfzig nur noch japanische Autos kaufen, mit entsprechenden Folgen für die deutsche Autoindustrie. Schlimmer noch: Wenn es keine gesetzlichen Vorgaben gibt, werden Start-ups maßgeschneiderte Lösungen für verschiedene Personenkreise anbieten. Man kann sich ja leicht ausmalen, wieviele Punkte die Bayern einem Preußen, AfD-Anhänger einem Flüchtling, Islamisten einer Frau, oder die Linke einem Kapitalisten zuordnen würden. Die Folge wäre ein Chaos auf den Straßen.

Der Staat könnte einspringen, eine Kommission einsetzen und ein Konsortium mit der Entwicklung einer Software beauftragen, die dann verpflichtend in alle autonom fahrenden Autos eingebaut werden muss. Nach den bisherigen Erfahrungen mit staatlichen Großprojekten muss man aber damit rechnen, dass die Entwicklung dreimal länger dauern und fünfmal mehr kosten würde als geplant. Bei den ersten praktischen Tests müssten Passanten, die in engen Straßen nachts auf dem Bürgersteig gehen, um ihr Leben fürchten, wenn die Software einen Schatten auf der Straße für eine Person aus dem Punktebereich vier bis sechs hielte. Auch keine Lösung.

Fazit

Meine persönliche Ansicht: Das autonome Fahren der Zukunft wird irgendwo zwischen den Stufen 4 und 5 liegen. Es wird immer noch einen Fahrer geben, der in kritischen Situationen eingreifen kann. Auf Autobahnen und anderen übersichtlichen Verkehrssituationen mag sich der Fahrer mit anderen Dingen beschäftigen, aber im dichten Verkehr in den Städten sind Computer überfordert und werden es in absehbarer Zukunft auch bleiben. Parkt da ein Auto in der zweiten Reihe oder ist dies das Ende eines Staus? Was bedeutet die Geste des Traktorfahrers, kann ich überholen oder kommt Gegenverkehr? Wird der Fußgänger gleich auf die Straße treten? Ein Ball rollt auf die Straße – kommt jetzt ein Kind? Wie verhält sich das autonome Auto in Italien? Weiß es, dass man rechts und links Platz für die Motorinos lassen muss, wenn man an der Ampel hält, dass bei grün erst einmal alle Motorinos losschwärmen? Wie verhält es sich in Rom im Kreisverkehr? Dort muss man zügig fahren, eindeutig zeigen, wenn man rausfahren möchte, und gleichzeitig den Verkehr im Auge behalten.

Die Liste an Problemen ließ sich beliebig verlängern. Nun ist es nicht so, dass autonome Autos prinzipiell nicht mit solchen Situationen fertig werden könnten, aber sie werden gelegentlich Fehler machen, und selbst eine Quote von einem Bruchteil eines Promills ist inakzeptabel, weil sie Tausende von Unfällen bedeutete.

Über die Vision des vernetzten Fahrens haben wir uns schon Gedanken gemacht und es als unrealistisch abgetan. Setzen wir uns lieber realistische Ziele wie das teilautonome Fahren. Schon das ist eine Herausforderung an die Auto- und Elektronikindustrie, und es könnte wesentlich dazu beitragen, die bisherige Zahl von mehr als 3000 Toten pro Jahr, die der Verkehr heute kostet, auf ein erträglicheres Maß zu reduzieren.

Für mich bestünde der größte Reiz des autonomen Fahrens darin, dass man das langweilige Fahren auf der Autobahn dem Wagen überlassen kann und man auch nach längeren Fahrten ausgeruht am Ziel ankommt. Zwar vertraue ich der natürlichen Intelligenz meiner Frau mehr als der künstlichen des Autos, aber sie soll ja auch entspannt auf der Autobahn reisen können.

Lithium- und andere Batterien

Elektrischer Strom ist die bequemste und effektivste Form der Energie. Er kommt bekanntlich aus der Steckdose, und von denen hat man in jedem Zimmer, in der Garage und im Keller gleich mehrere. Wenn der Strom ausfällt, merkt man, was alles davon abhängt: Lampen, Computer, Internet, Fernseher, Musikanlage, Wasch-, Spül-, und Kaffeemaschine, oft der Herd, und auch die Heizung, wenn ihre Pumpe mit Strom betrieben wird. Selbst Alexa reagiert nicht mehr. Man stelle sich vor, wie unser Leben aussähe, wenn wir nur Gas, Öl, und Kohle als Energiequellen hätten. Die Erfindung des Dynamos als Stromgenerator war eine der größten Leistungen der Menschheit!

Bei aller Bequemlichkeit hat die Elektrizität aber einen großen Nachteil: Sie lässt sich nur schwer speichern. Kohlen kann man im Keller und Öl und Gas in Tanks speichern. Aber Elektrizität? Strom besteht aus dem Fluss von Elektronen – dazu später mehr – aber man kann nicht einfach Elektronen in einem Tank speichern. Größere Mengen elektrischer Energie kann man nur in Batterien speichern, und die sind nicht nur ziemlich kompliziert, wie wir gleich sehen werden, sondern auch wenig effektiv: In einem Kilogramm Diesel ist etwa einhundert mal mehr Energie gespeichert als in einer 1 kg schweren Lithium-Ionen-Batterie.[1] Stellen wir uns vor, man wäre bisher nur mit Elektroautos und ihren schweren Batterien gefahren, und jemand hätte Diesel und den Dieselmotor erfunden! Es hätte eine Revolution in der Automobilindustrie gegeben: Endlich Autos mit einer großen Reichweite, endlich Lastwagen, die man ja kaum mit Batterien betreiben kann, weil die Batterien zu viel wiegen! Der größte Nachteil von Diesel- und Benzinmotoren ist der Ausstoß von Kohlendioxid, CO_2, und der ist leider wirklich gravierend.

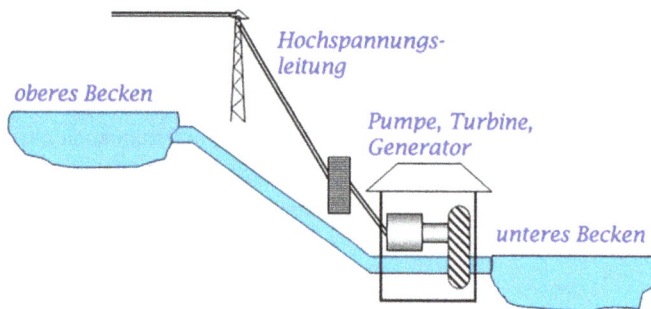

Abb. 10: Prinzip eines Pumpwerks zum Speichern von Energie.

---

1 Meistens spricht man einfach von Lithiumbatterien, was nicht ganz richtig ist; wir kommen auf den Unterschied zurück. Statt „Batterie" wäre die richtige Bezeichnung „Akkumulator", was eine wiederaufladbare Batterie bezeichnet.

https://doi.org/10.1515/9783111712932-004

Wenn eine Batterie in Betrieb ist, stößt sie nichts aus, höchstens ein bisschen Wärme. Sie funktioniert im Prinzip wie ein Pumpspeicherwerk, bei dem es zwei Wasserbecken gibt, ein hochgelegenes in den Bergen, und ein tiefliegendes im Tal (s. Abb. 10). Braucht man Energie, so lässt man Wasser aus dem oberen Becken ablaufen und dabei eine Turbine antreiben, die Strom erzeugt. Will man Energie speichern, pumpt man Wasser vom unteren Becken in das obere. Der Wirkungsgrad beträgt 70–80 %, d. h., von der Energie, die man beim Hochpumpen verbraucht, gewinnt man 70–80 % wieder. Zum Vergleich: Ein guter Dieselmotor für Autos hat einen Wirkungsgrad von 40–45 %. Pumpspeicherwerke stinken zwar nicht wie Dieselmotoren und stoßen kein CO_2 aus, aber sie brauchen unheimlich viel Platz und verschandeln die Landschaft. Außerdem kann man sie nur im Gebirge bauen.

Bei Lithiumbatterien gibt es zwei Elektroden: In der einen hat Lithium eine hohe Energie, in der anderen eine niedrige. Energiespeicherung und -entnahme funktionieren nach demselben Prinzip wie bei Pumpspeicherwerken. Man braucht nicht einmal eine Turbine, die Batterie liefert direkt Strom!

Um zu verstehen, wie das geht, müssen wir etwas Physik wiederholen oder nachholen und uns ansehen, was Atome, Ionen, und Elektronen sind; also folgt ein kleiner Exkurs. Ganz wichtig zum Verständnis: Batterien funktionieren auf Grund von elektromagnetischen Kräften. Diese sind unheimlich stark. Wir alle kennen die Gravitation, die uns auf dem Boden festhält und die Planeten um die Sonne kreisen lässt. Die elektrischen Kräfte sind etwa 10^{19} – das ist eine eins mit neunzehn Nullen – mal stärker.[2] Wenn wir durch elektrische Kräfte von der Erde angezogen würden, lägen wir platt auf dem Boden und könnten nicht einmal den kleinen Finger 1 mm heben. Allerdings wirken diese Kräfte nur zwischen elektrisch geladenen Teilchen. Zwar enthalten alle Körper geladene Teilchen, aber (fast) immer so viele positiv wie negativ geladene, so dass die gesamte Ladung null ist, und dann gibt es keine Anziehung oder Abstoßung. Dies gilt auch für alle Teile einer Lithiumbatterie!

Atome, Ionen, Elektronen

Atome sind die Bausteine der Materie; der Name kommt vom Griechischen „Atomos", was „unteilbar" bedeutet. Natürlich haben wir es doch geschafft, sie zu spalten, mit nicht immer erfreulichen Ergebnissen, z. B. in der Atombombe. Atome sind ungeheuer klein, etwa 0,0000001 mm im Durchmesser. Sie bestehen aus einem Atomkern, der nochmal ca. 0,0001 mal kleiner ist als das Atom, und einer umgebenden Wolke von Elektronen. Das Atom wird durch die Anziehung entgegengesetzter Ladung zusammengehalten. Ladung tritt immer als ein Vielfaches der sogenannten Einheits- oder Elementarladung auf. In der makroskopischen Welt fällt dies nicht weiter auf, da diese Elementarladung sehr

---

2 Eine Übersicht über die fundamentalen Wechselwirkungen findet sich im Anhang.

klein ist. Aber auf der atomaren Ebene ist das sehr wichtig. So hat der Atomkern eines Elementes stets dieselbe Anzahl Z von positiven Elementarladungen und ist von Z Elektronen umgeben, die jeweils eine negative Einheitsladung tragen, so dass das Atom als ganzes neutral ist.

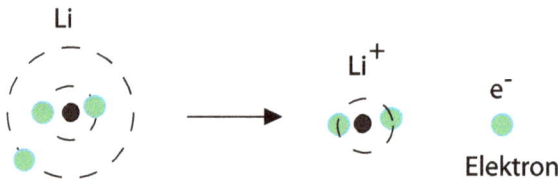

Abb. 11: Lithiumatom und seine Aufspaltung in ein Li$^+$ Ion und ein Elektron.

Das Lithiumatom ist besonders einfach aufgebaut: Der Kern ist dreifach positiv geladen und ist demnach von drei Elektronen umgeben (s. Abb. 11). Die Elektronen sind in Schalen angeordnet. Die innerste Schale kann zwei Elektronen aufnehmen und ist voll besetzt, auf der zweiten Schale ist nur ein einziges Elektron, alle anderen Schalen sind leer. Die inneren beiden Elektronen sind fest gebunden, da sie sich dicht am Kern befinden; sie spielen für die Funktion der Batterie keine Rolle. Das einzelne äußere ist nur lose gebunden und kann vom Lithiumatom abgegeben werden, wenn es günstig ist. In dem Fall bleibt ein positiv geladenes Li-Ion übrig, ein sogenanntes Kation; man schreibt es als Li$^+$. Für uns sind drei Fälle wichtig, in denen das passiert:

1. Reines Lithium ist ein Metall; die Atome sind in einem regelmäßigen Gitter angeordnet. Dabei gibt jedes Lithiumatom ein Elektron ab, es bildet sich ein Gitter von Li$^+$ Ionen in einem See von Elektronen. Die Elektronen sind gleichmäßig verteilt und frei beweglich (s. Abb. 12). Nimmt man einen Lithiumdraht und legt eine Spannung zwischen den beiden Enden an, z. B. indem man das eine Ende mit dem positiven Pol einer Batterie und das andere Ende mit dem negativen Pol verbindet, so werden die negativ geladenen Elektronen vom positiven Pol angezogen und vom negativen Pol abgestoßen, fließen also bei dem positiven Pol hinaus. Das geht aber nur, wenn vom negativen Pol genauso viele Elektronen nachgeliefert werden. Die Anzahl der Elektronen im Draht ändert sich nicht! Es sind immer so viele Elektronen wie Ionen im Draht, so dass er sich nicht auflädt. Deshalb fließt Strom nur in einem geschlossenen Kreislauf.
2. Li$^+$ Ionen sind in einer Reihe von Lösungsmitteln, so auch in Wasser, sehr gut löslich, wobei Energie frei wird. Bringt man ein Stück Lithiummetall in Kontakt mit Wasser, wird so viel Energie frei, dass es eine Explosion gibt! Deshalb findet sich kein Wasser in Lithiumbatterien, und deshalb sollte man brennende Lithiumbatterien keinesfalls mit Wasser löschen. Friedlicher geht es zu, wenn man ein Lithiumsalz in Wasser löst. Wir alle kennen das gewöhnliche Kochsalz, das sich ja ausgezeichnet in Wasser löst. Es besteht aus Natrium (Na) und Chlor (Cl), hat also die chemische

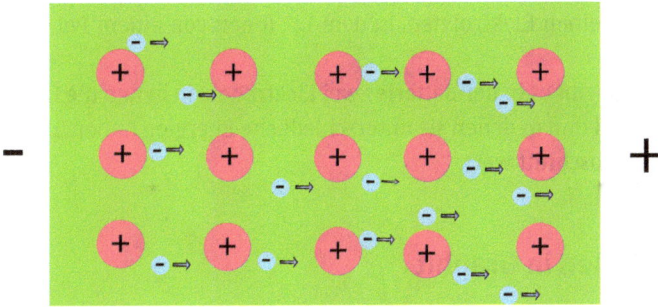

Abb. 12: Stromfluss in einem Lithiumdraht. Die roten Kreise sind die festsitzenden Lithiumionen, und die blauen Kreise sind die Elektronen, die sich frei bewegen können und der angelegten Spannung folgen. Für jedes Elektron, das rechts am positiven Pol hinausgeht, kommt links vom negativen Pol ein neues.

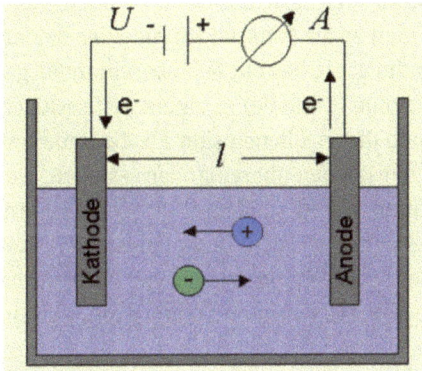

Abb. 13: Ionenleitung in einer Elektrolytlösung. Links ist eine negative Elektrode (Kathode), die die positiv geladenen Ionen anzieht (z. B. Li^+), und rechts eine positive Elektrode (Anode), die die negativ geladenen Ionen (z. B. Cl^-) anzieht. Quelle: Elena Gallée, wissenschaftliche Arbeit im Fach Chemie, Universität Ulm, 2016).

Formel NaCl. Natrium verhält sich ähnlich wie Lithium – so gibt es auch Natrium-batterien, auf die wir später zurückkommen. Löst man NaCl in Wasser, so spaltet es sich in Na^+ Ionen und Cl^- Ionen auf – Chlor nimmt gern ein Elektron auf und bildet Cl^- Ionen, ein sogenanntes Anion; es ist also der perfekte Partner für Li oder Na. Ersetzt man Natrium durch Lithium, nimmt also LiCl, so löst sich das gut in Wasser auf, wobei jetzt Li^+ Ionen statt Na^+ gelöst sind. Ein Lösungsmittel mit gelösten Ionen nennt man Elektrolyt. Die wichtigste Eigenschaft von Elektrolyten ist, dass sie elektrischen Strom leiten. Im Gegensatz zu einem Metalldraht sind es hier aber die Ionen, die den Strom transportieren. Legt man eine Spannung über einen Elek-trolyten mit LiCl an, so werden die positiv geladenen Li^+ Ionen zum negativen Pol wandern und die negativ geladenen Cl^- Ionen zum positiven Pol (s. Abb. 13). So enthalten Lithiumbatterien einen Elektrolyten, in dem Li^+ Ionen von einem Pol zum andern wandern.

3. Wie schon kurz erwähnt, gibt es in der Batterie zwei Elektroden, in denen die Lithiumionen gespeichert sind und in denen sie unterschiedliche Energien haben. Diese sind einen besonderen Abschnitt wert.

Speicherung von Li-Ionen in Graphit

Bei der Speicherung von Li-Ionen ist es wichtig, dass die Ionen leicht eingelagert und leicht wieder herausgeholt werden können, damit keine Energie verloren geht. Deswegen dürfen die Ionen auf keinen Fall fest chemisch gebunden werden – fest gebundene Ionen wären für die Batterie genauso nutzlos wie ein völlig gefrorenen Stausee beim Pumpwerk.

Graphit ist besonders geeignet, Li-ionen so zu speichern, dass man sie auch leicht wieder herausholen kann, deswegen benutzt man es als Material für eine der beiden Elektroden. Graphit ist eine Kohlenstoffverbindung; sie besteht aus übereinander geschichteten Ebenen, in denen die Kohlenstoffatome (C-Atome) in einem sechseckigen (hexagonalen) Gitter angeordnet sind. Innerhalb dieser Ebenen sind die C-Atome fest chemisch gebunden. In Graphit sind viele solcher Ebenen übereinander gestapelt, wobei die Ebenen nicht chemisch aneinander gebunden sind, sondern durch schwächere, sogenannte van-der-Waals-Kräfte zusammen gehalten werden. Deshalb lässt sich Graphit parallel zu den Ebenen leicht spalten, aber senkrecht dazu ist er viel härter. Eine einzelne Ebene von Graphit heißt *Graphen* (s. Abb. 14), ein interessanter Stoff, der ein eigenes Buch wert wäre.

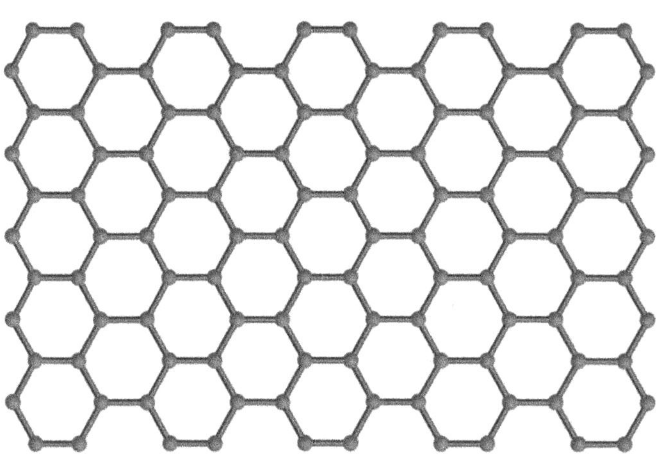

Abb. 14: Hexagonales Gitter einer einzelnen Ebene von Graphit. Eine einzelne solche Ebene bezeichnet man als Graphen.

Entlang der Ebenen leitet Graphit den Strom gut, aber nicht senkrecht dazu. Der Abstand zwischen den Ebenen ist so groß, dass Li-Ionen dazwischen passen und dort gespeichert werden können; diesen Prozess nennt man Interkalation (s. Abb. 15). Nun muss die Elektrode als Ganzes elektrisch neutral sein, also ungeladen. Deswegen muss für jedes Li-Ion, das gespeichert wird, ein Elektron von einem äußeren Stromkreis auf die Elektrode fließen und die Ladung des Ions kompensieren. Umgekehrt fließt für jeden Li-Ion, das der Elektrode entnommen wird, ein Elektron aus der Elektrode hinaus.

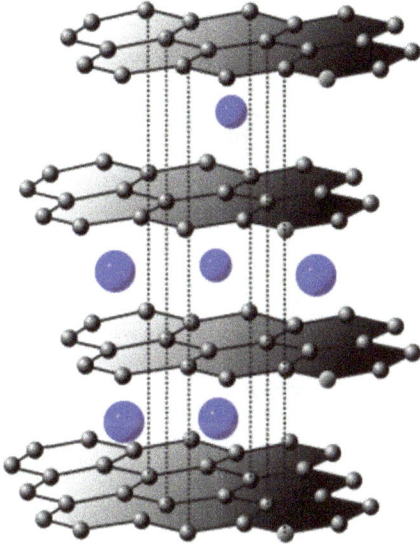

Abb. 15: Li-Ionen (blau), die zwischen den Ebenen einer Graphitelektrode gespeichert sind. (Quelle: File: Intercalactionrp.png by Anton, Urheber D. Ilni, CC0, https://commons.wikimedia.org/wiki/File: Intercalactionrp.svg).

Funktionsweise einer Li-Ionen-Batterie

Da die Li-Ionen in Graphit nur locker gebunden sind, entspricht die Graphit-Elektrode dem höher gelegenen Becken in einem Pumpwerk. Sie bildet die sogenannte *Anode*, in der die Energie der Ionen höher ist. Den Gegenpol bildet die *Kathode*, in der die Ionen mit einer tieferen Energie gespeichert werden. Für die Kathoden gibt es verschiedene Materialien, wobei Schwermetalle wie Kobalt, Mangan, und Nickel verwendet werden. Die Geometrie der Positionen, in denen die Li-Ionen gespeichert werden, ist anders als bei Graphit, aber das Prinzip ist ähnlich.

Beim Entladen sollen die Li-Ionen von der Anode zur Kathode gehen; damit das möglich ist, tauchen beide Elektroden in eine leitfähige Lösung ein (s. Abb. 16), so dass

Separator

Al

Cu

Li^+

Li^+

Li^+

Legende

- Kohlenstoff (Graphit)
- Metall (Cobalt)
- Lithium
- Sauerstoff

□ nicht-wässrige Elektrolytlösung

→ Ladevorgang

← Entladevorgang

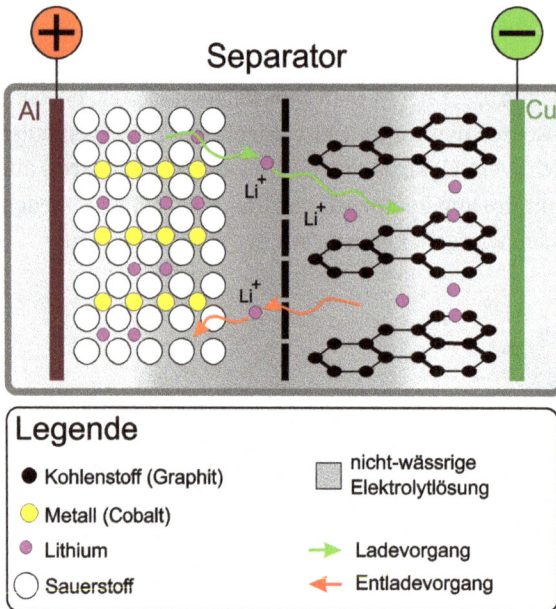

Abb. 16: Prinzip einer Li-Ionen-Batterie. Links: Kathode. Rechts: Anode. Die Rolle des Separators wird weiter unten beschrieben. (Quelle: Original: Unknown Vector: Cepheiden, CC BY-SA 2.0 DE https://creativecommons.org/licenses/by-sa/2.0/de/deed.en, via Wikimedia Commons.

die Ionen von der einen Elektrode zur anderen wandern können. Ist die Batterie entladen, so befinden sich (fast) alle Li-Ionen in der Kathode, wo sie eine tiefe Energie haben.

Um die Batterie zu laden, muss man eine Spannung anlegen, welche die Ionen aus der Kathode herauslöst und in der Anode speichert. Dabei wird Energie verbraucht, da man das Lithium von einer tieferen zu einer höheren Energie bringt. Gemäß unseren Regeln, dass die Elektroden insgesamt keine Ladung tragen dürfen, fließt für jedes Li-Ion, dass durch den Elektrolyten zur Anode fließt, ein Elektron durch den äußeren Stromkreis, mit dem die Batterie geladen wird, ebenfalls von der Kathode zur Anode. Diesen Elektronenfluss kann man als Ladestrom messen, und für diesen zahlt man, wenn man die Batterie an einer Ladesäule lädt.

Insgesamt fließen beim Laden Li-Atome von der Kathode zur Anode. Allerdings spaltet sich jedes Atom dazu in ein Li-Ion auf, das durch den Elektrolyten fließt, und in ein Elektron, das durch den äußeren Stromkreis fließt. Wenn die Batterie geladen ist, liegt eine elektrische Spannung zwischen den beiden Elektroden. Diese Spannung ist um so höher, je größer der Energieunterschied des Lithiums in den beiden Elektroden ist. Sie entspricht dem Höhenunterschied zwischen den beiden Stauseen beim Pumpwerk. Bei einer typischen Li-Ionen-Batterie beträgt die Spannung ca. 3,6 V. Zum Vergleich: Beim Bleiakku beträgt sie ca. 2 V.

Beim Entladen fließen die Elektronen durch einen äußeren Stromkreis, wo sie nützliche Arbeit verrichten können, z. B. einen Motor antreiben. Beim Entladen wird die Energie wieder frei, die man beim Laden verbraucht hat. Immerhin kann man ca. 90 % der Energie, die man hineingesteckt hat, wieder herausholen. Dies ist mehr als bei einem Pumpwerk; allerdings kann dieses viel größere Mengen an Energie speichern, und es hat eine viel längere Lebensdauer.

Laden und Entladen

Beim Laden und Entladen der Batterie fließt Strom von der einen Elektrode zur anderen. Der dazwischen liegende Elektrolyt hat einen Widerstand und heizt sich dabei auf. Je höher der Strom, desto größer die pro Zeit erzeugte Wärme. Diese Wärme geht nicht nur verloren, sie kann auch die Struktur der Batterie schädigen. Wenn man die Batterie schonen und Energie sparen möchte, sollte man also so langsam wie möglich laden. Wenn die Batterie nachts in der Garage aufgeladen wird, kann man sich ja Zeit lassen, aber wenn man auf Reisen einen Zwischenaufenthalt zum Tanken einlegen muss, möchte man ja nicht *„Die Buddenbrooks"* zu Ende lesen, während die Batterie geladen wird. In der Praxis macht man einen Kompromiss: Man lädt die Batterie nicht ganz auf, sondern nur zu 70–80 %, und kann dann je nach Ladestation und Batterie nach 1/4–3 Stunden weiterfahren.

Aber auch sonst ist das Laden eine delikate Angelegenheit. Jede Batterie hat dazu eine eigene Elektronik, das Batterie-Management, die das Laden kontrolliert. Man lädt sie meistens mit einem konstanten Strom auf, und die Elektronik beobachtet die Spannung, die beim Laden ansteigt. Sobald ein Maximalwert der Spannung erreicht ist, der bei den meisten Modellen bei 4,0–4,2 V liegt, wird die Ladung gestoppt. Eine höhere Spannung würde die Batterie schädigen. Beim Entladen sinkt die Spannung rasch wieder auf den Wert von 3,6 V.

Beim weiteren Entladen sinkt die Spannung langsam ab und beginnt erst stark zu sinken, wenn die Batterie fast entladen ist. Wenn die Spannung unter ca. 2,5 V fällt, setzen chemische Reaktionen ein, die sie zerstören. Deshalb wird das Entladen gestoppt, wenn die Spannung einen Mindestwert erreicht hat, der je nach Modell zwischen 2,5 V und 3 V liegt. Am besten ist es, wenn man die Batterie nur bis auf 20 % entleert, um auch kleinere Schäden zu vermeiden.

Beim Laden und Entladen wandern die Li-Ionen in Festkörper hinein oder aus ihnen heraus, was nicht ohne Reibung abgeht, die immer wieder Schäden verursacht. Deswegen nimmt die Kapazität der Batterie bei jedem Lade-Entlade Zyklus leicht ab. Moderne Autobatterien können bis zu 3000 solcher Zyklen aushalten und haben dann noch ca. 70 % ihrer ursprünglichen Kapazität. Langsamere Zyklen richten weniger Schaden an als schnelle und ermöglichen eine längere Lebensdauer. Also, langsam fahren und nur bis auf 20 % entleeren, langsam und nur bis 80 % laden! So werden Sie ein gelassenes, entschleunigtes Leben führen und lange Freude an Ihrer Batterie haben! Nehmen

Sie auf Reisen stets einen Band mit Kurzgeschichten mit, so dass Sie die Ladezeit vergnüglich verbringen können.

Wenn Sie jetzt meinen, am besten ließe man die Batterie ungenutzt liegen und führe stattdessen Rad, haben Sie nur teilweise Recht. Es gibt nämlich das Phänomen der Selbstentladung. Wer je ein Auto mit einer älteren Bleibatterie hatte, kennt das: Man kommt aus langen, erholsamen Ferien zurück, setzt sich ins Auto und dreht den Anlasser an. Man hört ein müdes Krächzen, der Anlasser dreht sich ruckelnd zwei, drei Mal, und dann passiert nichts mehr. Meistens wartet man ein paar Minuten und versucht es dann wieder, aber meist vergeblich. Die Batterie hat sich von selbst entladen. Beim Bleiakku beträgt die Selbstentladung ca. 4 % pro Monat, bei der Lithiumbatterie ca. 3 %. Je höher die Temperatur, desto höher die Selbstentladung. Immerhin krächzt bei der Lithiumbatterie kein Anlasser, weil es ihn gar nicht gibt.

Wieso entlädt sich eine Batterie? Für die Ionen ist es natürlich günstiger, von dem energetisch höheren Zustand in der Anode zum tiefer gelegenen Zustand in der Kathode zu fließen. Das geht aber nur, wenn gleichzeitig Elektronen im äußeren Stromkreis fließen. Bei ausgeschalteter Batterie dürfte das nicht passieren, aber keine Batterie ist perfekt. So finden sich immer Wege, auf denen kleine Kriechströme von der einen Elektrode zur anderen fließen können. Und so entlädt sich Ihre Batterie ganz langsam, während Sie auf den Bahamas in der Sonne liegen.

Ergänzungen zur Li-Ionen-Batterie

Grenzschicht auf der Li-Elektrode

Ein Blei-Akku hat eine Spannung von ca. 2 V und dürfte gar nicht existieren. Legt man über einer wässrigen Lösung eine Spannung von mehr als 1,23 V an, so sollte sich Wasser in Sauerstoff und Wasserstoff zersetzen. Trotzdem zersetzt sich Wasser in der Bleibatterie nicht, oder nur mit unendlich langsamer Geschwindigkeit. An Blei ist die Geschwindigkeit für die Wasserstoffentwicklung fast null, oder, wie man sagt: Blei ist ein sehr schlechter Katalysator für die Wasserstoffentwicklung. Schmeisst man einige Drähte eines besseren Katalysators, z. B. Kupfer, in die Batterie, zersetzt sich das Wasser und die Batterie geht kaputt.

Lithium ist viel reaktiver als Blei, und bei einer Spannung von 3,6 V kann man natürlich nicht Wasser als Elektrolyten verwenden. Stattdessen nimmt man organische Lösungsmittel, deren Namen an die Fuselöle in billigen Alkoholika gemahnen, z. B. Ethylencarbonat. Aber selbst die sind in den Batterien nicht stabil, sie reagieren mit dem Lithium und bilden dabei eine Schicht, eine Art Lithiumrost, der die Elektrode vor weiterer Auflösung schützt. Man kennt so etwas von anderen Metallen: So reagiert Aluminium mit dem Sauerstoff der Luft und bildet eine dichte, undurchdringliche Schicht. Die Schicht, die sich auf der Anode der Batterie bildet, ist aber nicht ganz dicht, sondern lässt weiterhin Li-Ionen durch, auch wenn sie den Fluss der Ionen etwas behindert. Der

Fachbegriff für diese Schicht ist übrigens Feststoff-Elektrolyt-Grenzphase. Ihre genaue Zusammensetzung hängt vom verwendeten Elektrolyten ab und ist ein Thema aktueller Forschung. In ihren Eigenschaften ähnelt sie Rost auf Eisen, der die Eisen-Ionen ja auch weiter durchlässt – im Fall des Eisens ist das freilich unerwünscht, da das Eisen dabei weiter rostet.

Anionen und Separator

Der Elektrolyt besteht aus dem Lösungsmittel, den Li-Ionen, die von der einen Elektrode zur anderen wandern, und negativ geladenen Ionen, sogenannte Anionen. Diese sorgen dafür, dass der Elektrolyt als Ganzes elektrisch neutral bleibt: Für jedes Li-Ion gibt es ein Anion, das seine Ladung kompensiert. Zwischen den beiden Elektroden befindet sich noch ein poröser Separator, der dafür sorgt, dass sie sich nicht berühren. Der Separator ist durchlässig für die Ionen und das Lösungsmittel.

Neue Entwicklungen

Energiedichte, Reichweite, Ladezeiten, und Materialien der Lithiumbatterien lassen immer noch zu wünschen übrig, und Batteriehersteller wie Automobilfirmen arbeiten an stetigen Verbesserungen, schon um sich von der Konkurrenz abzuheben. Was immer ich hier berichte, ist wahrscheinlich schon bald veraltet. Aber ich möchte doch einige Beispiele angeben, um zu zeigen, in welche Richtung die Entwicklungen gehen.

Lithium-Polymer-Batterie

An Stelle eines flüssigen Elektrolyten nimmt man oft einen Polymerelektrolyten, der eine gelartige, manchmal auch feste Masse bildet, durch den die Li-Ionen wandern können. Man spricht dann auch von einer Lithium-Polymer-Batterie. Sie ist robuster als die normale Batterie, weil sie keine Flüssigkeiten enthält. Andererseits sinkt die Leitfähigkeit des Polymers stark mit der Temperatur. Insgesamt ist die Handhabung schwieriger als bei flüssigen Elektrolyten, aber das kann sich vielleicht noch ändern, wenn man geeignetere Materialien findet.

Lithium-Eisenphosphat-Batterien

Die meisten Zellen benutzen die Metalle Nickel, Kobalt, und Mangan als Kathodenmaterial. Die sind nicht nur teuer und selten, ihr Abbau ist auch skandalumwittert: umweltschädlich, Kinderarbeit, Bürgerkriege. Eine typische Batterie enthält an Masse etwa so viel Mangan und Kobalt wie Lithium und etwa dreimal mehr Nickel. Natürlich sucht man nach Alternativen; Eisen ist chemisch verwandt mit Nickel und Kobalt, und in der Tat hat sich eine Kathode aus Eisenphosphat bewährt. Eisen ist billig, es gibt große Vorräte, und Tausende von Jahren Erfahrung mit diesem Metall. Die Energiedichte ist etwas geringer als die der kobalthaltigen Batterien. Aber die chinesische Automobilfirma BYD hat gerade die Entwicklung einer Lithium-Eisenphosphat (LFP) LFP Batterie bekannt gegeben, die zum Aufladen nicht viel länger braucht als ein Benziner zum Tanken. Das Geheimnis liegt in einem besonderen Elektrolyten mit außerordentlich kleinem Widerstand, der ein schnelles Laden erlaubt.[3] Auch andere Hersteller wie z. B. Tesla verwenden zum Teil LFP-basierte Batterien.

Lithium-Silizium-Batterien

Forschung zur Verbesserung von Lithiumbatterien zielt meistens auf die Anode, um die kritischen Elemente Nickel, Kobalt, und Mangan zu ersetzen. Auf der Kathode wird ja Lithium in Graphit eingelagert; wegen der Gitterstruktur von Graphit klappt das gut, dazu ist Graphit leicht, und es scheint schwer, etwas besseres zu finden. Im Periodensystem der Elemente steht Silizium direkt unter Kohlenstoff, ist also verwandt, und zudem bestens aus der Halbleitertechnik bekannt. Da ist es naheliegend zu versuchen, Lithium in Silizium einzulagern. In der Tat klappt das, und zumindest theoretisch sogar viel besser als in Graphit. Jedes Si-Atom kann bis zu 3,75 Li-Ionen binden. Zum Vergleich: Beim Graphit kommen bei voller Ladung 6 C-Atome auf ein Li-Ion. Die theoretische Energiedichte von Si-Li Batterien ist fast zehnmal höher!

Natürlich hat die Sache einen Haken, sogar mindestens zwei: Beim Laden vergrößert sich das Volumen einer Si-Kathode etwa um den Faktor vier. Dies führt zu großen Spannungen beim Laden und Entladen, und nach wenigen Zyklen ist die Kathode zerstört und bröckelt von der Stromzufuhr ab. Außerdem ist die Lithium-Silizium Verbindung sehr reaktiv und kann den Elektrolyten zerstören. Natürlich forscht man intensiv nach Lösungen. Immerhin verbessern kleine Beimischungen – einige Prozent – von Silizium zu Graphit die Kapazität der Batterie, und dies wird auch in der Praxis angewendet.

Mehr über Lithium

Warum ist Lithium so besonders?

Lithium ist das drittleichteste Element, nur Wasserstoff und Helium sind leichter. Setzt man die Masse von einem Wasserstoffatom gleich eins, so ist die von Helium gleich vier und die von Lithium gleich sieben. Zum Vergleich: Die Masse von einem Bleiatom wäre gleich zweihundertsieben! Wasserstoff und Helium sind Gase. Wasserstoff ist so leicht, dass es ihn auf der Erde nur in großen Tiefen und nicht in freier Form gibt – er würde einfach ins Weltall entfleuchen. Man kann ihn aber speichern, z. B. in Gasflaschen, und in Brennstoffzellen zu Wasser verbrennen – aber das ist ein anderes Kapitel. Helium ist

---

3 Neue Zürcher Zeitung online vom 18.4.2025.

träge, reagiert mit nichts, aber man kann Luftballons und Zeppeline damit füllen, damit sie sich in die Luft erheben.

Lithium ist ein Metall, leitet also den Strom. Es gibt leicht ein Elektron ab und bildet Li-Ionen, die ja die Grundlage für die Funktion der Batterie sind. Weil es so klein ist, passt es gut in das Gitter von Graphit und ähnlichen Verbindungen, und es lässt sich gut dort einlagern und wieder herausholen. Die Spannung der Lithium-Ionen-Batterie ist zudem besonders hoch, weil es so reaktiv ist. In vieler Hinsicht ist Lithium also optimal für Batterien.

Abbau von Lithium

Obwohl Lithium schon kurz nach dem Urknall zusammen mit Wasserstoff und Helium entstand, ist es relativ selten, da der Li-Kern nach kosmischen Maßstäben nur wenig stabil ist. Auf der Erde bildet es 0,002 % der Erdkruste, aber der größte Teil ist im Meerwasser in so kleinen Konzentrationen gelöst, dass sich der Abbau nicht lohnt. Die größten Vorräte befinden sich in den Salzwüsten im Grenzgebiet zwischen Chile, Bolivien, und Argentinien (s. Abb. 17). Dort wird es als konzentrierte Salzlake abgebaut, die man mit Wasser anreichert und dann in riesigen flachen Becken verdunsten lässt. Das zurückbleibende Salz wird in mehreren Stufen gereinigt und in eine Form überführt, die man in Batterien verwenden kann. Dabei werden riesige Mengen Wasser verbraucht; man spricht von einer Million Liter für eine Tonne Lithium, und das in einer Wüste, wo Wasser naturgemäß rar ist. Dazu kommt die Belastung durch Staub und die beim Abbau eingesetzten Chemikalien – ein Desaster für die Umwelt und die indigene Bevölkerung.

Abb. 17: Salzseen in der Atacama Wüste. (Autor Planet Labs, Inc. CC https://www.planet.com/gallery/salar-de-olaroz).

Recycling von Lithium-Ionen-Batterien

Lithiumbatterien enthalten neben dem Lithium noch weitere kostbare Materialien wie Kobalt und Kupfer, die man zurückgewinnen möchte, wenn die Batterien ihren natürlichen Tod gestorben sind. Leider ist gerade das Recyceln von Lithium schwierig, weil es sich so leicht entzündet. Es gibt eine Reihe von vielversprechenden Ansätzen, z. B. Schreddern unter Stickstoffatmosphäre, aber bisher noch kein Rückgewinnung im großen industriellen Stil. Doch ist es wohl nur eine Frage der Zeit. Wenn es erst einmal große Mengen von verbrauchten Batterien gibt, wird sich auch eine Methode zum Recyceln durchgesetzt haben. Übrigens ist bei Edelmetallen das Recyceln viel einfacher. So schätzt man, dass man ca. 95 % des verbrauchten Platins oder Palladiums zurückgewinnen kann.

Nach etwa 8–10 Jahren ist die Kapazität der Lithiumbatterien in Elektroautos so weit abgefallen, dass sie ausgetauscht werden müssen. Für andere Zwecke, z. B. zum stationären Speichern von Elektrizität aus Solaranlagen, können sie aber oft noch weiter benutzt werden. Man spricht dann auch von einem *zweiten Leben* (second life) der Batterien. Wenn es erst einmal genug ausrangierte Batterien gibt, kann man sie in großem Maßstab als Zwischenspeicher benutzen. Wenn also die Batterie Ihres Autos schwach geworden ist, kaufen Sie eine neue und schließen Sie die alte an Ihre Solaranlage an.

Lithium in der Medizin

Im Gegensatz zu den verwandten Metallen Natrium und Kalium spielt Lithium keine besondere Rolle im menschlichen Körper. Ein Salz des Lithiums, das Lithiumkarbonat, ist aber ein bewährtes Mittel gegen Depressionen. Wie es genau wirkt, ist nicht klar. Es gibt auch Untersuchungen, die besagen, dass in Gegenden, wo die Lithiumkonzentration

Abb. 18: Fragen Sie lieber Ihren Arzt oder Apotheker.

im Trinkwasser besonders hoch ist, die Menschen glücklicher und länger leben, und zumindest bei Fruchtfliegen soll es gegen Alzheimer helfen. Aber die Belege sind dünn – kein Grund, jeden Morgen an Ihrer Li-Batterie zu lecken, selbst dann nicht, wenn Sie gerade depressiv sind (s. Abb. 18).

Alternativen zur Lithium-Ionen-Batterie

Es gibt viele Arten von Batterien, aber uns interessieren nur solche, die man wieder aufladen kann, also Akkumulatoren, deren Energiedichte hoch genug ist für eine Verwendung in Autos. Wir stellen einige Kandidaten vor.

Natrium- und Kalium-Ionen-Batterie

Im chemischen Sinne ist das Natrium der nächste Verwandte zum Lithium. Es ist ebenfalls metallisch und gibt leicht ein Elektron ab, um Na^+ Ionen zu bilden. Es verhält sich ganz ähnlich, aber in allem etwas schlechter. Es ist etwa dreimal schwerer als Lithium und wesentlich dicker, so dass sich seine Ionen nicht ohne weiteres in Graphit einlagern lassen. Verschiedene Natrium-Ionen-Batterien befinden sich im Teststadium, sie haben Spannungen zwischen 2 V und 3,5 V. Als Batterien können sie nicht mit Lithium konkurrieren, weil sie zu schwer sind und ihre Spannung zu klein ist, aber sie haben einen großen Vorteil: Natrium ist viel häufiger und billiger als Lithium, es ist Bestandteil von Kochsalz, und es gibt praktisch unbegrenzte Vorräte im Meerwasser, die man leicht extrahieren kann. Natrium-Ionen-Batterien sollten sich sehr gut als stationäre Speicher eignen. Auch für reine Stadtautos kann man sie verwenden

Kalium verhält sich ähnlich wie Natrium, ist aber noch schwerer und dicker. Es ist aber ebenfalls leicht zu gewinnen und könnte umweltfreundlich zu produzieren sein. K-Ionen-Batterien sind ebenfalls in der Entwicklung und sollten sich für stationäre Anwendungen eignen.

Besser als Lithium-Ionen-Batterien?

In den Lithium-Ionen-Batterien wird das Lithium an der Anode in Graphit eingelagert – warum eigentlich? Das Graphit wiegt doch auch, sogar mehr als das Lithium. Die erste Batterie, die von Volta erfunden wurde, benutzte metallisches Kupfer (Cu) und Zink (Zn) als Elektroden, auf denen die Cu- und Zn-Ionen abgeschieden oder von denen sie aufgelöst werden. Warum macht man das nicht auch mit Lithium?

Es gibt tatsächlich Li-Batterien, die kein in Graphit eingelagertes, sondern metallisches Lithium verwenden. Leider kann man sie nur einmal entladen und dann nie wieder aufladen. Der Grund: Beim Abscheiden bildet sich keine glatte Oberfläche auf dem Lithium, sonder nadelartige Auswüchse, so genannte Dendriten (s. Abb. 19). Beim Weiterwachsen kommen sie irgendwann mit der Gegenelektrode in Kontakt, dann gibt es einen Kurzschluss, und die Batterie geht in Flammen auf (s. Abb. 20). Gelegentlich kann so was auch bei Lithium-Ionen-Batterien passieren, aber da dort das Lithium in Graphit eingelagert ist, ist die Gefahr gering. Es kommt aber trotzdem gelegentlich vor;

https://doi.org/10.1515/9783111712932-005

Abb. 19: Beispiel für Dendritenwachstum. Foto: Mark A. Wilson (Department of Geology, The College of Wooster).

Abb. 20: Brennende Lithium-Ionen-Batterie.

auf Youtube gibt es schöne Videos dazu. Falls es Ihnen passieren sollte: Nicht mit Wasser löschen!

Leider handelt es sich bei der Dendritenbildung um eine intrinsische Eigenschaft,[1] die Lithium mit anderen Metallen wie Natrium und Kalium teilt. Eventuell lässt sich das Wachstum von Dendriten durch Zusätze, aufgebrachte Schichten, oder mechanisch reduzieren oder gar verhindern. Aber was immer man tun kann, erschwert die Wanderung der Ionen und macht die Batterie weniger effektiv. Trotzdem bleiben Lithium-Metall-Batterien ein heißes Forschungsthema, denn die mögliche Gewinne sind riesig.

Noch effektiver wären Lithium-Luft-Batterien, bei denen das Lithium mit dem Sauerstoff der Luft zu Lithiumoxid reagierte. Dies ist allerdings in den üblichen organischen

---

1 Mein Frau und ich haben dies in einer Arbeit gezeigt; deutsche Fassung: Santos und Schmickler, Angewandte Chemie, Band 133, (2021) S. 5940.

Elektrolyten unlöslich und leitet zudem den Strom nicht. Theoretisch könnten diese Batterien eine vielfach höhere Energiedichte haben als die Lithium-Ionen-Batterien. Allerdings sind die Probleme vielfältig, und nur Optimisten glauben, dass sie diese in ihrer gegenwärtigen Reinkarnation lösen können.

Aluminiumbatterie

Um uns die Schwierigkeiten klar zu machen, auf die man stößt, wenn man eine bessere Batterie als die Lithiumbatterie bauen möchte, sehen wir uns ein Beispiel an. Wir suchen eine Batterie mit einer hohen Energiedichte (Energie pro Gewicht und Energie pro Volumen), einer großen Spannung und einer hohen Leistung, also die Energie, die man pro Zeit herausholen kann. Dazu muss sie robust sein, oft – und möglichst schnell – wiederaufladbar sein, und wenig Energie bei den Ladezyklen verlieren. Wenn das Material dazu noch umweltfreundlich abbaubar ist, melden wir ein Patent an, gründen ein Start-up und werden so reich, dass wir Elon Musk samt Tesla und X aufkaufen können. Überlegen wir, welche Elemente in Frage kommen. Die interessanten Kandidaten, die Lithium ersetzen könnten, stehen in der linken oberen Ecke des Periodensystems (s. Abb. 21). ‚Oben' bedeutet ein geringes Gewicht, und die Elemente, die links stehen, sind meistens Metalle und bilden Ionen. In der Spalte unter dem Lithium stehen Natrium und Kalium. Beide bilden einwertige Ionen wie Li, sind aber bedeutend schwerer. Wir haben sie bereits oben diskutiert, aber offenbar sind sie wegen ihres Gewichts weniger geeignet für Autos.

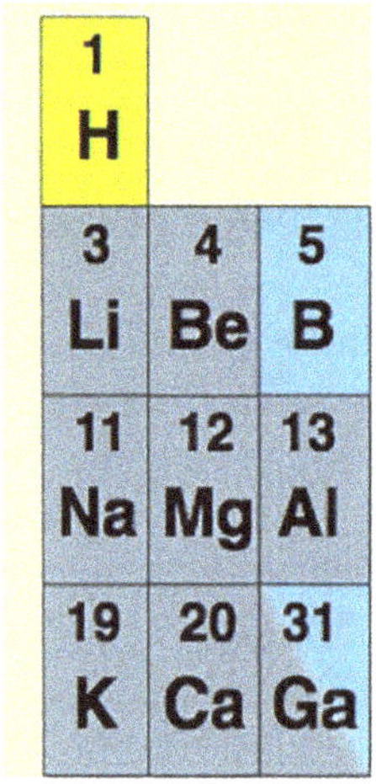

1		
H		
3	4	5
Li	**Be**	**B**
11	12	13
Na	**Mg**	**Al**
19	20	31
K	**Ca**	**Ga**

Abb. 21: Linke obere Ecke des Periodensystems. Metalle sind grau hinterlegt, Nichtmetalle gelb, und Halbmetalle blau.

In der Tat sind alle in Frage kommende Metalle schwerer als Lithium; damit die Batterie wirklich günstiger wird, müssen die Ionen eine höhere Ladung haben. Die Metallatome in der zweiten Spalte bilden meistens zweifach geladene Ionen, und jene in der dritten Spalte bilden dreifach geladene Ionen. Beryllium sieht erst einmal vielversprechend aus, ist aber eine Enttäuschung: Es ist giftig, teuer, und bildet nicht simple zweifach geladene Ionen, sondern macht in Lösungen chemische Reaktionen.

Wir müssen also eine Reihe tiefer gehen. Magnesium wäre ein Kandidat; wir werden es separat besprechen. Auf den ersten Blick sieht Aluminium spannender aus: Es bildet in wässriger Lösung dreifach geladene Ionen, es ist billig, nicht giftig, und stabil. Es ist ein gängiges Material, wenn leichte Metalle gefragt sind, zum Beispiel für Ihr Fahrrad. Das Gleichgewichtspotenial für die Abscheidung oder Auflösung in wässriger Lösung ist mit −1,68 V zwar um einiges höher als das von Lithium, aber mit einer guten Gegenelektrode, die man noch finden müsste, könnte man ein Zellpotential von einigen Volt erreichen. Theoretisch könnte die Energiedichte von Aluminiumbatterien ca. 50 mal höher sein als die von Lithiumzellen

Aber leider ist Aluminium schon in Luft, und erst recht in Wasser, mit einer dicken, stabilen Oxidschicht bedeckt, die keine Ionen durchdringen können. Das ist der Grund, warum Aluminium nicht rostet. Nun ist Lithium in Batterien zwar auch mit einer Schicht bedeckt, aber die ist durchlässig für Ionen, und die von Aluminium ist es nicht. Also muss man einen Elektrolyten wählen, der nicht einmal Spuren von Wasser enthält. Eine attraktiv scheinende Möglichkeit sind sogenannte ionische Flüssigkeiten; dies sind Salze, die schon bei Zimmertemperatur flüssig sind. Sie bestehen nur aus Ionen, enthalten also kein Lösungsmittel. Es gibt viele solcher ionischen Flüssigkeiten, man kann sich eine aussuchen. Meistens ist eine der beiden Ionensorten, aus denen sie bestehen, besonders groß, so dass sich keine festen Strukturen bilden können. Leider lässt im Allgemeinen ihre Leitfähigkeit zu wünschen übrig.

Das größere Problem kommt aber von dem Aluminum-Ion Al^{3+} selbst: Da das Atom drei Elektronen abgegeben hat, ist es sehr klein, mit einem Radius von 0,39 Å; zum Vergleich: Der Radius des Li^+ ist 0,59 Å. Die dreifache Ladung des Al^{3+} erzeugt ein sehr starkes Feld in seiner Umgebung, das die Anionen anzieht. Deswegen bildet es sehr gerne Komplexe mit Anionen. Wenn das Lösungsmittel Chlorid-Ionen, Cl^-, enthält, bildet sich $AlCl_4^-$. Wenn Sie damit eine Batterie basteln, stellen Sie fest, das an Stelle des dreifach positiv geladenen Al^{3+} ein einfach negativ geladenes $AlCl_4^-$ zwischen den Elektroden ausgetauscht wird. Dazu kommen noch Probleme mit der ionischen Flüssigkeit, die gerne Wasser aufnimmt und ungewollte chemische Reaktionen auslöst.

Nichts mit der Revolution auf dem Batteriemarkt. Statt Ihr Geld in ein Start-up zu stecken, das Aluminiumbatterien zu produzieren verspricht, tragen Sie es lieber zu einer Spielbank Ihres Vertrauens – die Gewinnchancen sind dort höher.

Lithium-Schwefel-Batterien

Schwefel ist billig, reichlich vorhanden, und viel leichter als das Kobalt oder Eisen, die in den Lithium-Ionen-Batterien verwendet werden. Wenn man dazu noch reines Lithium verwenden könnte wie in den Lithium-Luft-Batterien, so hätte man eine leichte Batterie, die theoretisch eine doppelt so hohe Energie pro Masse hätte. Die Zellspannung ist mit ca. 2,5 V zwar nicht allzu hoch, aber jedes Schwefelatom kann bis zu 2 Lithiumatome binden. Zusammen mit dem geringen Gewicht von Schwefel ergibt sich eine beeindruckende Energie pro Masse. Die Energie pro Volumen ist hingegen etwa gleich. Die Gesamtreaktion der Zelle ist im idealen Fall einfach:

$$2Li + S \rightarrow Li_2S.$$

Sie spalten sich auf in zwei Teilreaktionen an den beiden Elektroden,

$$2Li \rightarrow 2Li^+ + 2e^- \qquad 2Li^+ + 2e^- + S \rightarrow Li_2S.$$

Sie haben bestimmt schon erraten, dass es eine Menge von Problemen gibt, sonst hätten Tesla oder BMW längst E-Autos mit Li-S Batterien in ihrem Programm. Ich liste nur einige wichtige auf: Schwefel leitet den elektrischen Strom nicht, man muss ihn auf eine Weise mit Kohlenstoffstrukturen verbinden, um Strom durch die Elektrode zu schicken. Es bilden sich nicht nur die erwünschte Verbindung Li_2S, sondern eine Reihe von anderen Verbindungen wie LiS_8 oder LiS_6, die nicht nur die Energieausbeute mindern, sondern auch die Batterie verstopfen. An der Schwefelelektrode findet eine große Volumenänderung zwischen Ladung und Entladung statt, die zu mechanischem Spannungen führt. Dagegen soll die Bildung von Dendriten an der Lithium-Elektrode angeblich wegen des schwefelhaltigen Elektrolyten kein Problem sein.

Wegen ihres geringen Gewichts sind Lithium-Schwefel-Batterien vor allem für die Auto- und Luftfahrtindustrie interessant, so dass intensiv an ihnen geforscht wird. Es gibt immer wieder Berichte über angebliche große Fortschritte, aber man muss sie mit Vorsicht interpretieren. Auf Tagungen habe ich unzählige Vorträge gehört, in denen der Redner zunächst die Energieprobleme der Welt schilderte und dann ankündigte, er werde über einen großen Fortschritt zur Rettung der Menschheit berichten. Wissenschaftler brauchen ja Geld, um ihre Forschung durchzuführen. Dieses System verlangt geradezu übertriebene Propaganda; dasselbe gilt übrigens für Start-up Firmen. Glücklicherweise betrachten Wissenschaftler die Ergebnisse ihrer Kollegen sehr kritisch. Einerseits erfordert dies die wissenschaftliche Ethik, andererseits sind die Kollegen ja auch Konkurrenten, mit denen man um die selben Fleischtöpfe kämpft.

Schon mehrmals haben Firmen angekündigt, in die Produktion von Lithium-Schwefel-Batterien einsteigen zu wollen, bisher aber hat keine ihr Versprechen erfüllt. Immerhin sind die oben geschilderten Probleme nicht prinzipiell unlösbar, und in den kommenden Jahren könnte ein Durchbruch durchaus gelingen.

Magnesiumbatterie

Ein Li-Ion hat eine einzige positive Ladung, es ist ein einwertiges Ion. Dies hat den Vorteil, dass es nicht allzu starke elektrische Felder erzeugt und somit nicht zu stark mit seiner Umgebung wechselwirkt. Deswegen lässt es sich leicht in Graphit und ähnliche Materialien einbauen und wieder ausbauen. Ionen mit einer höheren Ladung wie das zweiwertige Magnesium oder das dreiwertige Aluminium-Ion würden mehr Ladung pro Ion übertragen. Auf dem Papier haben entsprechende Batterien beeindruckende Energiedichten, aber die höhere Ladung schafft Probleme, besonders bei der Stabilität.

Magnesium ist der heißeste Kandidat für eine bessere Batterie aus einem anderen Metall als Lithium. Das zweiwertige Mg^{2+} Ion ist etwa so groß wie das einwertige Li^+ Ion, und es ist etwa um einen Faktor 3,5 schwerer. Neben der höheren Ladung hat es noch einen wichtigen Vorteil: Man könnte reines Magnesium als Anode nehmen, denn die Schwierigkeiten mit der Bildung von Dendriten gibt es bei Magnesium nur in geringem Maße. Man bräuchte Magnesium also nicht in Graphit oder ein ähnliches Material einzulagern, was das Gewicht natürlich reduziert. Dazu sind die Magnesiumvorkommen größer als die von Lithium und sind leichter abzubauen.

Dem stehen aber eine Reihe von Nachteilen und Problemen gegenüber – deshalb gibt es die Magnesiumbatterien (noch) nicht. Das Elektrodenpotential ist um ca. 0,7 V weniger günstig als das von Lithium; um diesen Betrag wäre die Batteriespannung also kleiner. Leider hat metallisches Magnesium die Tendenz, sich mit einer undurchdringlichen Schicht zu überziehen, die den Betrieb unmöglich macht. Es gibt zwar Elektrolyte, in denen das nicht passiert, aber die sind nicht genügend stabil. Ein weiteres großes Problem ist das Material für die Kathode: Mg^{++} muss sich dort leicht ein- und ausbauen lassen, und es muss stabil sein. Wegen der hohen Ladung des Ions ist dies schwierig; es bindet sich zu fest, und das Volumen ändert sich, was zu Spannungen und Rissen führt. Alle diese Probleme sind zwar nicht im Prinzip unlösbar, aber ob und wann es je eine kommerzielle Magnesiumbatterie geben wird, steht in den Sternen.

Fazit: Es gibt verschiedene interessante Konzepte für bessere Batterien, aber keines von ihnen wird in nächster Zeit die Li-Ionen-Batterie bei mobilen Anwendungen ablösen.

Zur Geschichte der Batterien

Die ältesten Batterien sind über zweitausend Jahre alt und wurden im Reich der Parther (ca. 250 v. Chr. bis 250 AD) gefunden. Sie bestanden aus einem Eisenkern umgeben von einem Kupferzylinder in einem Tongefäß (s. Abb. 22). Gibt man eine Säure, z. B. Zitrone- oder Essigsäure, in das Gefäß, so erhält man eine – allerdings nicht sehr leistungsfähige – Batterie. Es sind mehrere solche Batterien gefunden worden, so dass diese Anordnung kein Zufall sein kann. Wozu sie gedient haben können, ist strittig. Es ist

Abb. 22: Überreste einer Batterie der Parther; sie bestand aus einem Eisenkern umgeben von einem Kupferzylinder, beide in einem Tongefäß. Aus: E. Santos, W. Schmickler, Interfacial Electrochemistry, Springer Verlag 2010.

Abb. 23: Voltasche Säule, Autor: Luigi Chiesa, https://commons.wikimedia.org/wiki/File:Pila-di-Volta-01.jpg.

spekuliert worden, sie seien zur Galvanotechnik verwendet worden, z. B. zur Abscheidung von dünnen Goldfilmen auf Kupfergefäßen. Es gibt aber keinerlei Hinweise, dass die Parther diese Technik beherrscht hätten. Man braucht dazu besondere Bäder zum Abscheiden und müsste mehrere Batterien in Reihe schalten, um die notwendige Spannung zu erzielen. Schließen wir uns den Historikern an, die bei solchen Fällen vermuten, es müsse sich um kultische Objekte gehandelt haben – mit anderen Worten: Sie wissen es auch nicht.

Die erste brauchbare Batterie wurde erst ca. zweitausend Jahre später von dem italienischen Physiker Alessandro Volta entwickelt. Nach ihm ist die Spannungseinheit Volt benannt. Das einzelne Element bestand aus je einer Zink- und Kupferplatte, getrennt durch ein Stück Stoff oder Leder, das mit einem Elektrolyten getränkt war. Ein Element hat zwar nur eine geringe Spannung, aber durch Reihenschaltung vieler Elemente in der sogenannten Voltaschen Säule erhält man eine brauchbare Batterie (s. Abb. 23). Die Erfindung Voltas ermöglichte erst die rasante Entwicklung der Elektrizitätslehre und der Elektrochemie im 19. Jahrhundert.

Der Bleiakku– ein Requiem?

Ein Kapitel über Batterien muss auch ein paar lobende Wort über den Bleiakku enthalten, der uns über ein Jahrhundert lang treue Dienste geleistet hat und auch heute noch die gebräuchliche Starterbatterie für Benzin- und Dieselautos ist. Er besteht im Wesentlichen aus einer negativ geladenen Bleielektrode, einer positiv geladenen Bleioxidelektrode, und einem schwefelsäurehaltigen Elektrolyten. Beim Entladen lösen sich beide Elektroden auf und reagieren mit der Schwefelsäure zu Bleisulfat. Dabei wird Schwefelsäure verbraucht, so dass man durch die Messung der Säurekonzentration schnell den Ladezustand des Akkus messen kann.

Die Spannung zwischen den beiden Elektroden ist mit ca. 2 V recht ordentlich. Ein Vorteil ist die hohe Leistungsdichte, d. h., der Akku kann hohe Ströme liefern, was beim Starten von Autos wichtig ist. Zudem ist er robust und billig, kann fast vollständig rezykliert werden, und braucht keine aufwendige Elektronik. Wenn Blei nur nicht so schwer wäre! Ein Bleiatom ist fast 70 mal schwerer als ein Lithiumatom! Die Energie pro Volumen ist gar nicht so schlecht, wenn man den niedrigen Preis bedenkt, aber die Energie pro Masse ist miserabel! Bei stationären Anwendungen, wenn der Akku z. B. in Ihrem Keller steht und die Energie Ihrer Solaranlage speichert, ist das allerdings nicht so wichtig.

Ein Kuriosum: Aus thermodynamischer Sicht dürfte der Bleiakku gar nicht funktionieren! Das Potential der negativen Elektrode liegt tiefer als das Potential der Wasserstoffentwicklung, so dass dort Wasserstoff erzeugt werden sollte. Dies passiert aber nicht, weil, wie man so schön sagt, die Reaktion kinetisch gehemmt ist. Anders ausgedrückt: Blei ist ein miserabler Katalysator für die Wasserstoffentwicklung. Die Reaktion findet zwar statt, aber mit einer unmessbar kleinen Geschwindigkeit!

Solche kinetischen Hemmungen sind in der Chemie gar nicht so selten. So ist Graphit stabiler, d. h., energetisch günstiger, als Diamant. Aus thermodynamischer Sicht müsste sich der kostbarste Teil Ihres Geschmeides nach und nach in gewöhnlichen Kohlenstaub verwandeln. Dies passiert aber nicht, oder genauer gesagt, es passiert nur ganz langsam und unmerklich. Auch Ihre Erben in der zehnten Generation werden noch viel Freude an Ihren Diamanten haben – es sei denn, Sie haben sie verkauft und das Geld auf den Kopf gehauen.

Wie dem auch sein, der Bleiakku wird auch in der Zukunft als robuste und billige Batterie seinen Platz finden, doch wird er im Auto der Zukunft nur noch Statist sein.

Haushaltsbatterien

Eine Unzahl von Haushaltsgeräten sind heutzutage elektrisch. Strom ist sauber, erschwinglich, und effizient für Elektronik oder Motoren. Man kann ihn in jedem Zimmer aus Steckdosen beziehen, aber das Kabel ist bei tragbaren Geräten lästig. Deshalb werden überall, wo keine große Mengen an Strom gebraucht werden, Batterien eingesetzt. Die Tastatur, auf der ich schreibe, braucht zwei AA Batterien, die Maus auch, und wenn das Mikrofon eingeschaltet wäre, hätten Sie mich eben fluchen gehört, weil die Batterien der Maus, die ich gestern gewechselt hatte, angeblich fast leer sind.

Elektronik und elektrische Kleingeräte brauchen meist eine Spannung von 1,5 V oder ein Vielfaches davon. Dies ist die Spannung, welche die bekannten AAA und die etwas größeren AA Zellen liefern sollen, und sie entspricht den veralteten Zink-Kohlezellen und den modernen Alkali-Manganzellen. Beide Typen von Batterien sind nicht wiederaufladbar; genauer: Die Alkalizellen könnte man schon einige Male wieder aufladen, aber man braucht ein spezielles Ladegerät dafür. Ansonsten sind diese Zellen robust und leistungsfähig.

Als umweltbewußter Mensch will man aber alte Batterien nicht einfach wegwerfen, und deshalb wurden wiederaufladbare Zellen entwickelt. Dazu werden heute neben Lithium fast nur sogenannte Nickel-Metallhydrid (NiMH) Batterien verwendet. Ihre

Abb. 24: Weshalb die Leute früher seltener auf ihre Handies starrten.

Spannung ist allerdings etwas kleiner als die von Alkalizellen. Das kann bei anspruchs-
vollen Geräten zu Problemen führen, z. B. bei Ferngläsern mit Bildstabilisator oder auch
bei chipgesteuerten Katzenklappen – Ihr kleiner Tiger wird böse, wenn die Batterie
nach wenigen Tagen den Geist aufgibt und der Durchgang versperrt ist. Angeblich sollen sie bis zu 500 Mal wiederaufladbar sein, was ich aber nicht bestätigen kann. Ihr
Vorläufer waren Nickel-Cadmium (NiCd) Batterien; sie waren allerdings weniger leis-
tungsstark und wurden verboten, weil Cadmium giftig ist. Für wirklich anspruchsvolle
Geräte braucht man Lithiumbatterien, die allerdings wesentlich teurer sind (s. Abb. 24).

Brennstoffzellen

Mein Doktorvater Wolf Vielstich war der Papst der Brennstoffzellen. Er schrieb in den 1960er Jahren das definitive Lehrbuch zu diesem Thema, war bestens mit amerikanischen und russischen Wissenschaftlern vernetzt und beriet die NASA, als diese für ihre Apollomission eine zuverlässige Stromquelle brauchte. Neben seiner Arbeit als Professor werkelte er an einem Brennstoffzellenauto herum, das aber nie über einige Probefahrten hinauskam. Er war überzeugt, dass noch zu seinen Lebzeiten Brennstoffzellen und Elektromotoren die Benzin- und Dieselmotoren ablösen würden. Lithiumbatterien waren noch nicht entwickelt worden, und die anderen Batterien, die es damals gab, waren zu schwer und zu voluminös für Autos.

Obwohl er weit über neunzig Jahre alt wurde, hat er leider nicht recht behalten. Dabei schrieb schon Jules Verne kurz nach der Entdeckung der Brennstoffzelle:

> Das Wasser ist die Kohle der Zukunft. Die Energie von morgen ist Wasser, das durch elektrischen Strom zerlegt worden ist. Die so zerlegten Elemente des Wassers, Wasserstoff und Sauerstoff, werden auf unabsehbare Zeit hinaus die Energieversorgung der Erde sichern.

Ähnlich enthusiastisch äußerte sich der berühmte Chemiker Wilhelm Ostwald einige Jahrzehnte später. Aber mit elektrischen Generatoren, betrieben mit fossilen Treibstoffen, ließ sich Strom billig, zuverlässig und ohne chemische Komplikationen herstellen, und die Brennstoffzellen gerieten ins Abseits. Erst der Anstieg des CO_2 Gehalts in der Atmosphäre und die Erderwärmung weckten wieder das Interesse an an einer Energietechnik, bei der als Abfall nur reines Wasser entsteht. Zudem würden die fossilen Energien sich irgendwann erschöpfen.

Aber der Reihe nach; schauen wir uns die Grundlagen der Brennstoffzellen an und fragen uns, warum sie sich noch immer nicht in breitem Maße durchgesetzt haben. Dazu gehen wir in der Geschichte bis zu den Dampfmaschinen zurück!

Die Dampfmaschine

Kein Mensch mag es, hart zu arbeiten, schwere Lasten zu tragen, oder Körner in einem Mörser zu zerstampfen. Deswegen hielten wir uns Lasttiere, und später erfanden wir Wind- und Wassermühlen, die nützliche Arbeit leisten können. Aber für eine industrielle Entwicklung sind diese zu wenig effektiv und auch zu unzuverlässig: Der Wind bläst nicht immer, und der Wasserstand ändert sich bei Hoch- und Niedrigwasser. Die Entwicklung der industriellen Revolution begann mit der Erfindung der Dampfmaschine, die zuverlässig Energie liefert. Wir schauen uns jetzt ihre Funktionsweise an und zeigen dann, warum Brennstoffzellen zumindest auf dem Papier günstiger sind.

Bei Dampfmaschinen wird die chemische Energie in einem Brennstoff – Kohle, Holz, oder Öl – zunächst durch Anzünden in Wärme gewandelt und diese zur Erzeugung von Arbeit genutzt. Der Weg ist also:

https://doi.org/10.1515/9783111712932-006

$$\text{chemische Energie} \longrightarrow \text{Wärme} \longrightarrow \text{Arbeit}$$

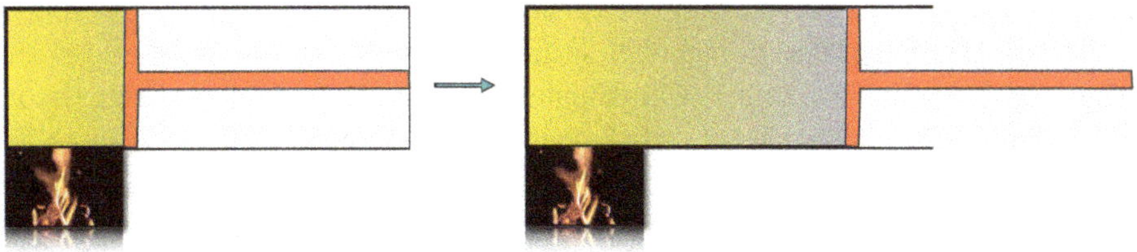

Abb. 25: Erster Schritt in der Umwandlung von Wärme in Arbeit.

Der kritische Schritt ist die Umwandlung von Wärme in Arbeit, und diese funktioniert bei allen sogenannten Wärmekraftmaschinen gleich – Benzin- und Dieselmotoren, Kohle-, Gas-, und Ölkraftwerken. Um dies zu verstehen, betrachten wir ein einfaches System zur Wandlung von Wärme in Arbeit: Einen Zylinder, der zum Teil mit einem Gas, z. B. Wasserdampf, gefüllt ist, mit einem Kolben (s. Abb. 25). Erhitzt man den Zylinder, so dehnt sich das Gas aus und drückt den Kolben nach außen – in unserem Bild nach rechts. Dabei kann der Kolben nützliche Arbeit verrichten. Bis hierhin ist alles gut. Wenn der Kolben gut geschmiert ist, kann man den größten – theoretisch sogar den ganzen – Teil der Wärme in Arbeit wandeln. Das Problem ist: Wie geht es weiter? Der Kolben soll ja nicht nur einmal in einem Schritt Arbeit leisten, sondern zyklisch. Dazu muss der Kolben wieder in seine Ausgangslage zurück. Aber wenn man ihn einfach zurück schiebt,

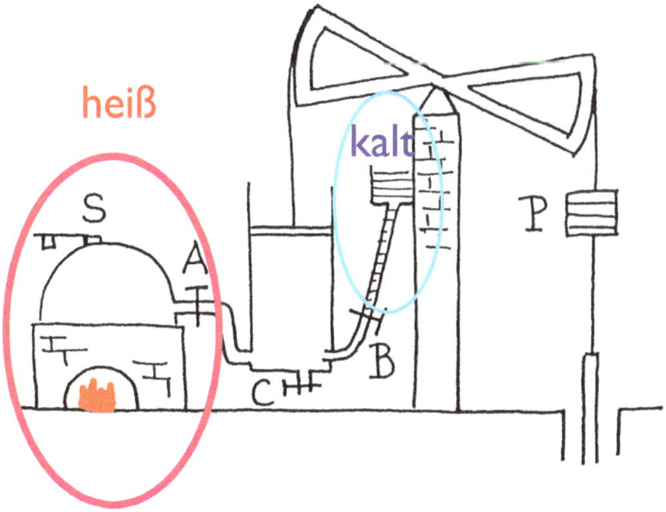

Abb. 26: Prinzip einer Dampfmaschine, nach Sadi Carnot, (1824). Réflexions sur la puissance motrice du feu et sur les machines propres a developper cette puissance. Paris: Bachelier.

muss man dazu dieselbe Arbeit aufwenden, die man gerade gewonnen hat. Die einzige Möglichkeit ist: Man nimmt die Heizung weg und kühlt Zylinder und Kolben ab. Das Gas zieht sich dann zusammen, und man kann den Zylinder mit weniger Arbeit in seine Ausgangslage zurück schieben. Dann heizt man wieder, und ein neuer Zyklus beginnt.

In der Abbildung 26 sieht man eine primitive Dampfmaschine. Links erhitzt ein Feuer den Dampf in dem Bottich. Öffnet man das Ventil A, so strömt das heiße Gas in den Zylinder in der Mitte und hebt den Kolben an. Ist der Kolben am oberen Anschlag, schließt man das Ventil A und öffnet das Ventil B, so dass kaltes Wasser in den Zylinder strömt. Der Wasserdampf kondensiert, man kann ihn bei C ablassen, und der Kolben geht wieder hinunter. Die Ventile B und C werden geschlossen, A wird wieder geöffnet, und ein neuer Zyklus beginnt. Natürlich geschieht das Öffnen und Schließen der Ventile in einer richtigen Dampfmaschine automatisch.

Abb. 27: Kohlekraftwerk bei Aachen.

Ohne eine Kühlung geht es nicht, deswegen haben alle Verbrennerautos Kühler, und die Kraftwerke haben große Kühltürme, die an blauen Sommertagen weiße Wölkchen produzieren. Bei der Kühlung geht natürlich Energie in Form von Wärme verloren, und zwar ziemlich viel. Moderne Kohlekraftwerke (s. Abb. 27) haben einen Wirkungsgrad von ca. 40 %, etwa so wie Dieselmotoren. Bei Kraftwerken kann man die Energiebilanz verbessern, indem man die entstehende Wärme als Fernwärme zum Heizen verwendet. Allerdings stehen Kraftwerke normalerweise weit ab von Siedlungen, so dass diese sogenannte Kraft-Wärmekopplung nur wenig zum Einsatz kommt.

Etwas Thermodynamik

Zur selben Zeit, als die Dampfmaschinen erfunden wurde, entstand der Begriff der *Energie*, wie wir ihn heute kennen, grob definiert als die Fähigkeit, Arbeit zu verrichten. Wärme wurde als eine Form der Energie erkannt. Der Erhaltungssatz der Energie formuliert: Energie kann man weder erzeugen noch vernichten, man kann sie nur in eine andere Form bringen. Eine Dampfmaschine wandelt die chemische Energie zunächst in Wärme und dann in Arbeit.

Frage: Wenn wir Energie in Arbeit wandeln, vernichten wir dann nicht die Energie? Nein, ein Teil der Arbeit ändert die Energie des Systems, einen anderen Teil wandeln wir in eine nutzlose Form der Wärme um. Treiben wir zum Beispiel ein Auto an, erzeugen wir kinetische Energie des Autos, aber man leistet auch Arbeit gegen den Luftwiderstand und gegen die Rollreibung der Reifen. All das erzeugt Reibung und damit Wärme, die sich in der Luft und im Boden verteilt.

So weit, so gut, aber warum waren die Dampfmaschinen so wenig effektiv? Zum Teil lag das an der Konstruktion, aber auch bei besseren Konstruktionen ging ein großer Teil der Wärme an das kalte Bad verloren. Konnte man das nicht vermeiden?

Es bedurfte eines Genies, um diese Frage zu beantworten: Nicolas Léonard Sadi Carnot. Er leitete ein einfaches Gesetz für den maximalen Wirkungsgrad einer Wärmekraftmaschine ab, das gleichermaßen für Dampfmaschinen, Verbrennermotoren, Dieselgeneratoren und so weiter gilt. Um dieses Gesetz zu verstehen, müssen wir wissen, was die absolute Temperatur ist. Die Celsiusskala beruht ja recht willkürlich auf den Eigenschaften von Wasser, die Fahrenheitskala auf einer schlecht gemessenen Körpertemperatur. Die absolute Temperatur beruht auf der Tatsache, dass es einen absoluten Nullpunkt, eine tiefste mögliche Temperatur gibt; sie liegt bei –273,15 °C. Bei der absoluten Temperatur setzt man den absoluten Nullpunkt gleich Null, behält aber die Celsiusgrade bei. Also gilt:

Absolute Temperatur = Temperatur in Celsius + 273,15.

Die absolute Temperatur bezeichnet man mit K (Grad Kelvin).

Der maximal mögliche Wirkungsgrad einer Wärmekraftmaschine, bei der das heiße Bad eine absolute Temperatur T_h und das kalte Bad eine Temperatur T_k hat, beträgt

$$\text{maximaler Wirkungsgrad} = \frac{T_h - T_k}{T_h}.$$

Jetzt halten wir erst einmal inne. So eine einfache, elegante Formel beherrscht den Wirkungsgrad von Kraftwerken und Motoren! Es gibt nur ganz wenige Formeln in der Physik, die so wichtig sind. Natürlich fällt einem Einsteins Formel $E = mc^2$ ein. Auch genial, aber für das tägliche Leben sind die Konsequenzen von Carnots Formel wichtiger, denn die Umwandlung von Masse in Energie tritt bei Kernprozessen auf, die in Atombomben oder Kernreaktoren stattfinden. Aber dass man mit der Tankfüllung eines Golfs keine 1500 km fahren kann, obwohl im Benzin genügend Energie ist, das besagt diese Formel.

Aus dem Umkreis von Carnots Werk lassen sich noch viele wichtige Dinge folgern, die wir hier nur antippen können: Der Wärmetod des Weltalls, die Unmöglichkeit eines Perpetuum Mobiles zweiter Art;[1] dass Wärme immer von einem heißen Körper zu einem kälteren fließt; und noch einiges mehr.

Offensichtlich ist der Wirkungsgrad immer kleiner als eins. Ein Beispiel: Nehmen wir ein Kohlekraftwerk mit einem heißen Wärmebad von 600 °C (873,15 K) und einem kalten Wärmebad von 160 °C (433,15 K), so beträgt der maximale Wirkungsgrad nur ca. 50,4 % (dies sind übrigens typische Werte). Schaffen wir es, die Temperatur des heißen Wärmebads auf 700 °C (973,15 K) zu erhöhen, steigt er auf ca. 55,5 %. Natürlich bleibt der wirkliche Wirkungsgrad hinter dem maximalen zurück, deshalb sind die typischen Werte ca. 40 % für Kohlekraftwerke und Dieselmotoren. Viel mehr ist nicht drin.

Prinzip der Brennstoffzelle

Wenn man einen höheren Wirkungsgrad für die Umwandlung von chemischer Energie in Arbeit erzielen will, muss man den Umweg über die Wärme vermeiden. Eine Brennstoffzelle wandelt chemische Energie direkt in Strom, und der kann dann Arbeit verrichten:

$$\text{chemische Energie} \longrightarrow \text{Strom} \longrightarrow \text{Arbeit}$$

Da die Umwandlung von Wärme dabei nicht vorkommt, spielt das Gesetz von Carnot keine Rolle, und es gibt zunächst einmal keine Beschränkung für den Wirkungsgrad außer der Energieerhaltung.

Die Batterien, die wir schon kennen gelernt haben, machen genau das, aber auf andere Weise. Die nicht wieder aufladbaren Batterien wandeln die in ihnen gespeicherte Energie einmal in Strom um, und dann ist Schluss. Man bringt sie dann zum Recyclen. Die wieder aufladbaren Batterien, also die Akkumulatoren, speichern die Energie in chemischer Form. Die Brennstoffzellen hingegen funktionieren wie ein Kraftwerk: Man führt ihnen einen chemischen Brennstoff zu, den sie kontinuierlich, oder auch nur bei Bedarf, in Strom wandeln.

Die für Autos wichtigste Brennstoffzelle benutzt Wasserstoff als Brennstoff und lässt ihn mit dem Sauerstoff der Luft reagieren, wobei Wasser entsteht. Ein paar Worte über die beteiligten Substanzen. Über Wasserstoff haben wir ja schon einiges gelernt. Es ist das leichteste Element und besitzt nur ein Elektron. Das Atom ist sehr reaktiv, zwei Atome bilden ein Wasserstoffmolekül H_2, bei dem die beiden Elektronen der beteiligten

---

1 Das Perpetuum mobile zweiter Art wäre eine Maschine, die nur Wärme aus der Umgebung aufnähme und in Arbeit wandelte. Wäre sehr praktisch, um die Erderwärmung aufzuhalten.

Atome eine einfache Bindung bilden, die man durch einen einfachen Strich zwischen den beiden Atomen darstellt (s. Abb. 28). Wasserstoff ist ein Gas, und es ist so leicht, dass es durch die Anziehungskraft der Erde nicht fest gehalten wird, sondern in den Weltraum entfleucht. Es gibt also (fast) keinen reinen Wasserstoff auf der Erde. Dies ist natürlich ein Nachteil, wenn man ihn in Brennstoffzellen einsetzen möchte.

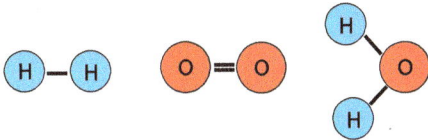

Abb. 28: Wasserstoffmolekül H_2, Sauerstoffmolekül O_2, und Wassermolekül H_2O. An einer Bindung (einfacher Strich) sind stets zwei Elektronen beteiligt, eins von jedem Atom.

Sauerstoff ist schwerer als Wasserstoff; er bildet ebenfalls zweiatomige Moleküle O_2, aber weil das Sauerstoffatom mehrere Elektronen hat, bildet es eine Doppelbindung, an der insgesamt vier Elektronen beteiligt sind (s. Abb. 28). Er ist ebenfalls ein Gas und bildet ca. 21 % unserer Erdatmosphäre. Die Doppelbindung sorgt dafür, dass das Molekül ziemlich stabil ist. Deswegen gibt es so viel Sauerstoff auf der Erde. Für uns Lebewesen ist das gut, denn wir brauchen den Sauerstoff zum Atmen. Aber diese Stabilität ist ein großes Problem für die Brennstoffzellen. Andererseits ist er immer noch reaktiv; was wir Verbrennung nennen, ist meist eine Reaktion mit Sauerstoff. Wir Menschen atmen Sauerstoff ein und gewinnen unsere Energie aus ihm, eine Art der kalten Verbrennung.

Die Reaktion von Wasserstoff und Sauerstoff geschieht nach der Formel

$$2H_2 + O_2 \rightarrow 2H_2O.$$

Es entsteht also Wasser (s. Abb. 29), das äußerst stabil, umweltfreundlich, und biokompatibel ist – immerhin besteht unser Körper größtenteils aus Wasser.

Abb. 29: Reaktion von Wasserstoff und Sauerstoff zu Wasser.

Bei der Reaktion von Wasserstoff und Sauerstoff zu Wasser wird viel Energie frei. Trotzdem, wenn man ein Gemisch von Wasserstoff und Sauerstoff (das sogenannte Knallgas) in einen Behälter gibt, passiert zunächst nichts. Erst wenn man einen Funken zündet, explodiert das Gemisch heftig. Statt eines Funkens kann man aber auch ein Stück Platin in den Behälter geben, um die Explosion auszulösen.

In einer Brennstoffzelle muss die Reaktion bei normaler Temperatur stetig ablaufen, ohne Explosionen, und sie soll Strom liefern. Wie soll das gehen? Erinnern wir uns an die Lithiumbatterie. Da wurden die Li-Atome aufgespalten in ein Li$^+$ Ion, das durch die Lösung wanderte, während das zugehörige Elektron durch den äußeren Stromkreis wanderte und nützliche Arbeit leisten konnte. Bei der Brennstoffzelle wird das H-Atom aufgespalten in ein H$^+$ Ion, das durch die Lösung wandert, und ein Elektron für den äußeren Stromkreis. Die H$^+$ Ionen nennt man auch Protonen, sie haben keine Elektronen und lagern sich direkt an Wasser an.

An einer Elektrode, der sogenannten Anode, wird Wasserstoffgas eingespeist. Die Moleküle H$_2$ werden aufgespalten (s. Abb. 30), und jedes Atom wird in ein Proton und ein Elektron gespalten: Die Protonen wandern zur Gegenelektrode, der Kathode. Dort

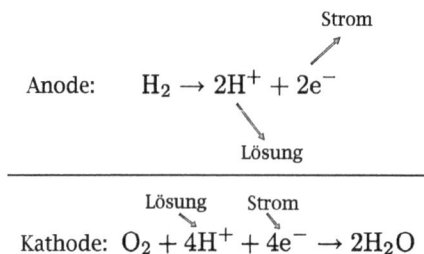

$$\text{Anode:} \quad H_2 \xrightarrow{\quad} 2H^+ + 2e^-$$

Strom

Lösung

$$\text{Kathode:} \quad O_2 + 4H^+ + 4e^- \rightarrow 2H_2O$$

Lösung   Strom

Abb. 30: Reaktionsschema einer Wasserstoff-Sauerstoff Brennstoffzelle.

werden sie aber nicht gespeichert wie in einer Batterie, sondern sie werden verbraucht. Sie reagieren mit dem Sauerstoff (meistens aus der Luft), der an die Kathode gespeist wird: Addieren wir jetzt die Reaktionen, die an den Elektroden ablaufen, und beachten, dass die Reaktion an der Anode zweimal so oft ablaufen muss wie die an der Kathode, so erhalten wir wieder

$$2H_2 + O_2 \rightarrow 2H_2O,$$

wobei wir die Protonen und Elektronen, die auf beiden Seiten vorkommen, weggekürzt haben. Das Prinzip der Brennstoffzelle ist in der Abbildung 31 unten dargestellt; sie zeigt auch eine Membran in der Mitte, die als Separator fungiert, so dass zwar die Protonen, aber nicht der Wasserstoff oder Sauerstoff zur anderen Elektrode wandern können.

Ist diese Zelle nicht genial? Sie zerlegt eine normale chemische Reaktion in zwei Teilprozesse, so dass die Energie als Strom frei wird, statt als Wärme zu verpuffen. Als Mitte bis Ende des neunzehnten Jahrhunderts das Prinzip der Brennstoffzelle entdeckt und verstanden wurde, glaubte man, auch andere Reaktionen in Brennstoffzellen ab-

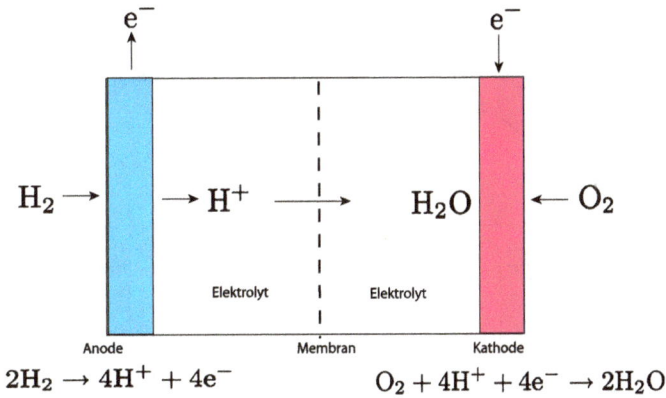

$$2H_2 \rightarrow 4H^+ + 4e^- \qquad\qquad O_2 + 4H^+ + 4e^- \rightarrow 2H_2O$$

Abb. 31: Schema einer Wasserstoff-Sauerstoff-Brennstoffzelle.

laufen lassen zu können, z. B. das Verbrennen von Kohle. Diese Reaktion ist auf dem Papier einfacher als die von Wasserstoff: $C + O_2 \rightarrow CO_2$. Wenn man diese Reaktion in einer Brennstoffzelle ablaufen ließe, würde zwar weiter CO_2 entstehen, aber wenn der Wirkungsgrad doppelt so hoch wäre wie in einem Kraftwerk, wäre viel gewonnen. Dazu wäre der Prozess sehr viel umweltfreundlicher. So schrieb 1887 der berühmte Physiko-Chemiker Ostwald, der die Theorie der Brennstoffzelle entwickelt hatte:

> Haben wir ein galvanisches Element, welches aus Kohle und dem Sauerstoff der Luft unmittelbar elektrische Energie liefert […], dann stehen wir vor einer technischen Umwälzung, gegen welche die bei der Erfindung der Dampfmaschine verschwinden muss. Denken wir nur, wie […] sich das Aussehen unserer Industrieorte ändern wird! Kein Rauch, kein Ruß, keine Dampfmaschine, ja kein Feuer mehr...[2]

Leider ist aus der Kohlenstoff-Brennstoffzelle nichts geworden, obwohl es an Versuchen nicht gefehlt hat. Da Kohle als Festkörper vorliegt, ist sie schlecht in Brennstoffzellen einsetzbar – Gase sind viel praktischer. Zudem ist Kohle auch nicht so reaktiv wie Wasserstoff.

Aber selbst die Wasserstoff-Brennstoffzelle ist problematisch. Das Material, aus dem die Elektroden sind, ist äußerst wichtig. An billigeren Metallen wie Blei oder Eisen passiert gar nichts. Die beiden Entdecker der Brennstoffzelle, Schönbein und Grove, wussten, dass Platin das Knallgas zur Explosion bringt und nahmen daher massives Platin. Die Abbildung 32 zeigt das Prinzip des Aufbaus. Natürlich erschöpft sich der Wasserstoff in den kleinen Reagenzgläsern schnell, aber wenn man mehrere der Brennstoffzellen in Reihe schaltet, kann man eine Birne zum Leuchten bringen. Aus der Energie, die bei der Reaktion frei wird, kann man die theoretische Spannung der Brennstoffzellen berechnen. Sie sollte 1,23 V betragen – merklich weniger als bei Lithiumbatterien, aber man

---

2 https://doi.org/10.1002/bbpc.18940010403

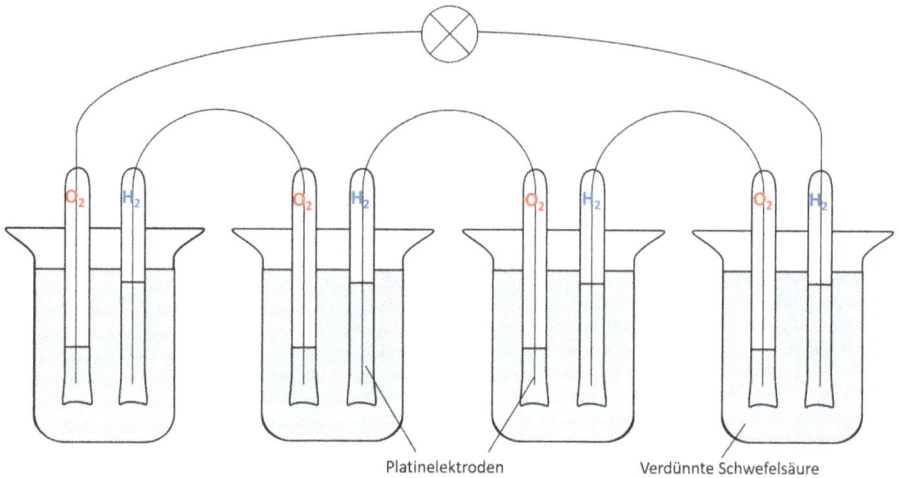

Abb. 32: Die erste Brennstoffzelle nach Schönbein und Grove (1838/39) als Reihenschaltung von vier Elementen. Bei diesem Aufbau entfällt der Separator, weil die Gase ja oben bleiben. Quelle: Elena Gallée, wissenschaftliche Arbeit im Fach Chemie, Universität Ulm, 2016).

kann ja mehrere in Reihe schalten, wie bei der Abbildung. Das Problem ist: Die von Schönbein und Grove konstruierten Brennstoffzellen hatten nur eine Spannung von 0,8 V, also war schon einmal ein gutes Drittel verloren. Gut, das war Mitte des neunzehnten Jahrhunderts – wie sieht es heute aus? Zur Universität Ulm gehört ein sogenanntes An-Institut, das Zentrum für Sonnenenergie und Wasserstoff-Forschung, in dem an Brennstoffzellen und Batterien geforscht wird. Das Zentrum baut auch Wasserstoff-Brennstoffzellen nach dem Stand der heutigen Forschung. Die Zellen haben eine Spannung von etwas über 0,8 V, und die Elektroden benutzen Platin als Katalysator.

Was ist in den letzten 170 Jahren geschehen?

Es hat zwei wesentlich Fortschritte gegeben: (1) Die Elektroden von Grove bestanden aus massivem reinen Platin – viel zu teuer für den kommerziellen Einsatz. Bei den heutigen Elektroden ist das Platin in der Form von kleinen Nanoteilchen über einen Kohlenstoffträger verteilt. Das verringert die Menge an Platin, die man braucht, um mehrere Größenordnungen, und es vergrößert außerdem die Oberfläche, an der die Reaktionen stattfinden können. (2) Die alten Zellen benutzten einen wässrigen Elektrolyten; beim Entladen müssen die Protonen durch den Elektrolyten von der einen Elektrode zur anderen wandern und dabei den elektrischen Widerstand des Elektrolyten überwinden. Dies führt zu Verlusten bei der Spannung und bei der Energie. Bei den modernen Zellen sind die beiden Elektroden nur durch eine dünne, protonenleitende Membran getrennt, was den Widerstand beim Protonentransport stark vermindert.

Aber das Hauptproblem ist nicht gelöst: Die Reaktion des Sauerstoffs ist zu langsam. Der Wasserstoff ist kein Problem: Wie wir oben schon erwähnt haben, hat das H_2 Molekül nur eine einfache Bindung, die sich leicht brechen lässt. Aber der Sauerstoff hat eine Doppelbindung und ist stabil, deshalb ist er ja reichlich in der Atmosphäre vorhanden. Außerdem läuft die Reaktion in mehreren Schritten ab, und an jedem Schritt kann es haken.

Man hat die Sauerstoffreaktion an allen möglichen Materialien untersucht. Mit einiger Mühe hat man zusammengesetzte Nanoteilchen synthetisiert, an denen die Reaktion etwas schneller verläuft als an Platin. Aber in der Praxis haben sie sich bis jetzt nicht durchsetzen können: zu kompliziert, zu wenig stabil.

Je nach Betriebsbedingungen haben die modernen Brennstoffzellen einen Wirkungsgrad von 40–60 %. Das ist zwar besser als der des Dieselmotors, aber nicht wirklich gut. Zudem muss der Wasserstoff ja hergestellt werden, zum Beispiel durch Elektrolyse des Wassers – dies ist die Umkehrung der oben aufgeführten Reaktionen der Brennstoffzelle. Je nach Ausführung hat die Elektrolyse einen Wirkungsgrad von 60–80 %. Ein weiterer Nachteil: Wasserstoff ist gasförmig bei Zimmertemperatur und muss deswegen unter hohem Druck in Behältern komprimiert werden.

Nun gibt es ja schon seit Jahrzehnten die Vision einer Wasserstoff-Ökonomie. Wind- und Sonnenenergie sollen zur Erzeugung von Wasserstoff benutzt werden, den man dann an Stelle von Öl oder Kohle als Energieträger verwenden kann. Braucht man Strom, so verbrennt man den Wasserstoff wieder in Brennstoffzellen. Alle beteiligten Stoffe, Wasserstoff, Sauerstoff, und Wasser, sind umweltfreundlich. Ist aber dieses Szenario angesichts der Verluste bei der Elektrolyse und bei den Brennstoffzellen überhaupt realistisch? Wir werden uns später noch eingehender mit der Wasserstoff-Ökonomie befassen.

Im Prinzip geht es darum, elektrische Energie zu speichern, um sie später wieder zu verwenden. Was sind die Alternativen? Pumpspeicherwerke wären effektiv, aber man kann nur eine begrenzte Anzahl bauen, und in Gegenden wie Niedersachsen oder Schleswig-Holstein, wo viele Windräder stehen, gar nicht. Lithium- und andere Batterien sind schwer und teuer, dazu entladen sie sich langsam aber sicher selbst. Bei der Wasserstoff-Ökonomie braucht man nur den Wasserstoff zu speichern, natürlich unter Druck. Er kann in Gas-Pipelines transportiert werden, aber es gibt mannigfache Probleme, auf die wir hier nicht eingehen können.

Was die Nutzung in Autos angeht, haben Brennstoffzellen einige Vorteile gegenüber Batterien. Vor allem sind sie leichter als Batterien, die bei einem PKW schon 300–600 kg wiegen. Deswegen sind Batterien wenig für Lastwagen oder Busse geeignet – es fehlt einfach Kapazität für Last! Dabei wäre eine Umstellung des Lastwagenverkehrs auf elektrischen Antrieb besonders wichtig, schließlich machen Lastwagen zwar nur 5 % der Autos aus, produzieren aber 26 % des Ausstoßes an Treibhausgasen. In Anbetracht dieser Zahlen und mangelnder Alternativen ist die mangelnde Effektivität der Brennstoffzellen vielleicht gar nicht so wichtig. Es gibt aber noch ein anderes gravierendes Problem: die Lebensdauer der Zellen. Die besten Zellen für den Verkehr benutzen sehr fein verteiltes Platin als Katalysator für die Sauerstoffentwicklung. Leider nimmt dessen

Effektivität mit der Zeit ab, und zwar aus zwei Gründen. Erstens: Das fein verteilte Platin lagert sich zu größeren Klumpen um. Dieser Prozess ist als Ostwald-Reifung bekannt. Diese Klumpen haben natürlich insgesamt eine kleinere Oberfläche als das fein verteilte Platin, und somit steht weniger Fläche für die Reaktion zur Verfügung. Zweitens: Es adsorbieren Schadstoffe auf dem Platin und mindern seine katalytischen Eigenschaften. Die typische Lebensdauer einer Zelle beträgt deshalb nur etwa mehrere Zehntausend Stunden – zu wenig für einen kommerziellen Einsatz. Natürlich arbeitet ein Heer an Wissenschaftlern und Ingenieuren an der Lösung des Problems, und es gibt Grund für Hoffnung: Gerade ist ein Artikel erschienen,[3] in dem die Autoren berichten, sie hätten Lebensdauern von 200 000 h erreicht, in dem sie das kostbare Platin durch eine Schicht von Graphen, also eine einatomige Lage von Graphit, schützen. Natürlich ist es noch ein weiter Weg bis zur Anwendung.

Ein Vorteil der Brennstoffzellen ist das schnelle Laden. An modernen Wasserstofftankstellen dauert das Tanken von Wasserstoff nicht länger als das von Benzin. Die Fuhrunternehmer möchten schließlich nicht, dass ihre Lastwagen und Fahrer stundenlang an Tankstellen warten, bis die Batterien geladen sind. Aber auch für Privatleute hat das Tanken von Wasserstoff Vorteile. E-Autos mit Batterie sind praktisch, wenn man eine Lademöglichkeit in der Garage oder am Stellplatz hat. Aber was ist mit den Millionen von Autos, die auf der Straße parken? Man wird ja wohl kaum so viele Ladestationen am Straßenrand bauen. Auch dann ist ein Brennstoffzellenauto praktischer, man fährt einfach zur Tankstelle – falls vorhanden. Natürlich müsste man ein Netzwerk von Wasserstofftankstellen aufbauen, aber Ladepunkte für Batterien gibt es auch zu wenig. Wahrscheinlich läuft es auf einen Mix zwischen Batterie- und Brennstoffzellenautos hinaus.

Perspektiven

Welche Hoffnungen können wir uns machen, dass es bei den Brennstoffzellen einen wissenschaftlich-technischen Durchbruch zu größerer Effektivität gibt? Insbesondere, dass die Sauerstoffreduktion schneller abläuft? Ehe wir dieser Frage nachgehen, müssen wir noch zwischen zwei Typen von Zellen unterscheiden, zwischen den sauren und den alkalischen Zellen. Die sauren Zellen enthalten eine hohe Konzentration von Protonen H^+, das sind die Zellen, die wir oben beschrieben haben. Für sie gibt es diese wunderbare protonenleitende Membran, die man zwischen die beiden Elektroden packt, und die für einen schnellen Stromfluss zwischen den beiden Elektroden sorgt. In den alkalischen Zellen gibt es stattdessen eine hohe Konzentration von negativ geladenen Ionen, den sogenannten Hydroxidionen OH^-. Protonen und Hydroxidionen können bei der Aufspaltung des Wassermoleküls entstehen,

$$H_2O \rightarrow H^+ + OH^-.$$

---

3 https://doi.org/10.1038/s41565-025-01895-3

In alkalischen Zellen wandert nicht das Proton von der Anode zur Kathode, sondern das OH⁻ von der Kathode zur Anode. Insgesamt bildet sich auch hier wieder Wasser aus Wasserstoff und Sauerstoff, aber die einzelnen Reaktionsschritte sind anders in saurer Lösung. Wir können nicht auf die Einzelheiten eingehen, aber eine Konsequenz ist, dass die Sauerstoffreduktion in alkalischer Lösung schneller verläuft als in saurer Lösung. Man braucht auch nicht so teure Materialien wie Platin. Die Wasserstoffoxidation verläuft dafür langsamer, aber in den letzten Jahren sind Katalysatoren für den Wasserstoff entwickelt worden, die in alkalischer Lösung fast so gut sind wie Platin in saurer Lösung. Die ersten Brennstoffzellen, welche die NASA in der Apollomission benutzte, enthielten alkalische Lösung.

Was für eine effektive alkalische Zelle fehlt, ist eine Membran, die OH⁻ Ionen so gut leitet, wie es die protonenleitende Membran in saurer Lösung tut. Das Hydroxidion ist viel größer als das Proton, was die Synthese einer solchen Membran erschwert. Natürlich versuchen viele Forschergruppen, ein solche Membran zu synthetisieren, die nicht nur gut leitet, sondern auch über viele Jahre stabil sein muss. Sollte man eine solche Membran finden, wäre man einen guten Schritt weiter auf dem Weg zu einer effizienteren Brennstoffzelle.

Festoxid-Brennstoffzelle

Ehe wir das Thema verlassen, werfen wir noch einen Blick auf die Festoxid-Brennstoffzelle, die bei hohen Temperaturen im Bereich 600–800 °C operiert. An Stelle von teuren Metallen und Membranen werden spezielle Keramiken als Material verwendet, was die Kosten senkt. Diese leiten den Strom allerdings nur bei hohen Temperaturen gut, was Probleme bei den verwendeten Materialien schafft, die natürlich nicht korrodieren dürfen. Außerdem brauchen sie eine gewisse Aufheizzeit, ehe sie ihre volle Leistung bringen. Immerhin ist ihr Wirkungsgrad mit 60–80 % wesentlich höher als der von gewöhnlichen Brennstoffzellen. Zudem kann man statt Wasserstoff auch andere Gase wie Methan als Brennstoff verwenden und mit dem Sauerstoff der Luft umsetzen.

Für mobile Anwendungen sind diese Hochtemperatur-Brennstoffzellen kaum geeignet: zu heiß, zu schwer, zu lange Reaktionszeiten. Aber als Kraftwerk zur Erzeugung von Strom sind sie durchaus attraktiv, wenn man in Zukunft Energie in der Form von Wasserstoff speichert. Man könnte zum Beispiel eine Zelle in den Keller stellen, sie mit Wasserstoff füttern, um Strom zu erzeugen, und die Abwärme zum Heizen nutzen. Eine andere Anwendung sind Notstromaggregate, bei denen man die Brennstoffzellen an Stelle der herkömmlichen Dieselgeneratoren verwendet. Es wird eifrig geforscht auf diesem Gebiet, und natürlich gibt es Start-up Firmen mit zumindest auf dem Papier attraktiven Konzepten.

Motoren

Verbrennungsmotoren

Die Verbrennungsmotoren, die 150 Jahre lang den Antrieb der Autos dominiert haben, funktionieren nach demselben Prinzip wie die Dampfmaschinen. Sie unterliegen damit den selben Beschränkungen des Wirkungsgrads, die durch den zweiten Hauptsatz der Thermodynamik gegeben werden. Wichtigster Unterschied: Während bei der Dampfmaschine der Kolben von außen erhitzt wird, geschieht dies beim Verbrennungsmotor im Kolben. Dadurch wird er viel kompakter, so dass er in den Motorraum eines Autos passt.

Die Literatur über Verbrennungsmotoren ist riesig, und auch im Internet, z. B. in der Wikipedia, finden sich sehr gute Artikel zu diesem Thema, auch zu den verschiedenen Varianten. Wir beschreiben hier nur kurz das Prinzip des Viertaktmotors (s. Abb. 33), ohne auf Einzelheiten einzugehen.

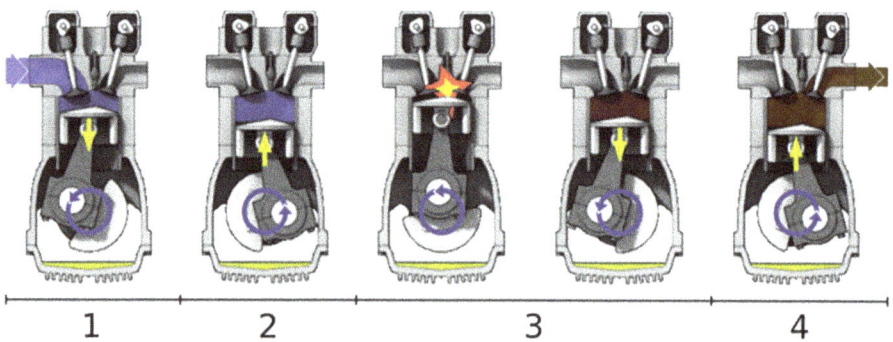

Abb. 33: Die Takte eines Otto-Motors. Quelle: MikeRun, https://commons.wikimedia.org/wiki/File:Otto-engine-all-strokes.png.

Wie bei der Dampfmaschine ist das Herzstück ein Zylinder, in dem sich ein Kolben auf und ab bewegt. Beim Viertaktmotor bewegt er sich pro Zyklus zweimal auf und ab.

Takt 1 Der Kolben ist zunächst in seiner tiefsten Position. Er wird herausgezogen und saugt dabei über ein Ventil ein Gemisch von Treibstoff an, Benzin oder Diesel.

Takt 2 Ist der Kolben an seinem höchsten Punkt angelangt, wird das Ventil geschlossen. Der Kolben fährt herab und kondensiert dabei das Gemisch von Brennstoff und Luft.

Takt 3 Ist der Kolben wieder am tiefsten Punkt, so wird das Gemisch gezündet, entweder über eine Zündkerze (Benziner), oder es entzündet sich von selbst wegen des großen Drucks (Diesel). Die Explosion treibt den Kolben wieder nach oben. In diesem Takt wird die Energie frei, die den Motor antreibt.

https://doi.org/10.1515/9783111712932-007

Takt 4 Wenn der Kolben wieder am höchsten Punkt ist, öffnet sich das Abgasventil. Der Kolben fährt wieder hinab und drückt die bei der Explosion entstandenen Abgase hinaus.

Natürlich gibt es diverse Probleme, z. B. bei der Kühlung, aber die interessieren uns hier nicht. Der Wirkungsgrad hängt sehr von den Betriebsbedingungen ab. Bei einem großen, stationären Dieselmotor kann er über 50 % betragen, bei Kraftfahrzeugen ist der maximale Wirkungsgrad bei Diesel noch ca. 43 %, und beim Benziner liegt er mit ca. 40 % etwas tiefer. Dieser maximalen Werte werden in der Praxis kaum erreicht. Die Mittelwerte beim Fahren liegen in der Größenordnung von 20 %.

Dass eine so wenig effektive Energieverwertung so eine große Rolle in der Weltwirtschaft einnehmen konnte, liegt an den billigen und scheinbar unerschöpflichen Vorräten an Erdöl, das sich vor Urzeiten aus abgestorbenen Algen und ähnlichen Lebewesen gebildet hat. In den fossilen Brennstoffen Erdöl, Erdgas, und Kohle sind Unmengen von CO_2 umgewandelt, die bei ihrer Bildung der Atmosphäre entzogen wurde. Dadurch sank die Temperatur auf Werte, wie sie für höher entwickelten Lebewesen, zu denen man ja auch den Menschen zählen kann, notwendig sind. Indem wir diese Stoffe verbrennen, machen wir diesen Prozess der CO_2 Speicherung wieder rückgängig – auf Dauer keine gute Idee.

Elektromotoren

Im zarten Alter von zehn Jahren hatte ich eine geniale Idee für ein Perpetuum Mobile, also einen Apparat, der sich ohne Energiezufuhr beliebig lange bewegen würde. Magnete haben bekanntlich zwei Pole, einen Nord- und einen Südpol. Gleichartige Pole stoßen sich ab, verschiedenartige ziehen sich an. Mein Perpetuum Mobile sollte aus zwei Magneten bestehen, einem großen festen und einem kleinen beweglichen Magnetstab, der sich um zwei zueinander senkrechte Achsen drehen konnte. Dabei konnte er den Polen des festen Magneten nahe kommen, ohne sie zu berühren.

In der Ausgangsstellung wurde der Südpol des Stabs vom Nordpol des Festmagneten angezogen und der Nordpol des Stabs vom Südpol des Festmagneten. Der Stab drehte sich dann schnell, so dass sich die zugehörigen Pole näher kamen, wurde aber durch den Schwung über die optimale Stellung hinausgetragen. Jetzt kommt der entscheidende Punkt: Damit der Stab nicht einfach wieder zurückschwingt, muss er umgepolt werden. Dazu sollte ein Teil des Schwungs benutzt werden, um den Stab um 180° um die andere Achse zu drehen, so dass der Stab vom Festmagneten in der selben Richtung weiter angezogen und sich damit drehen würde. Ich hatte damals schon das ungute Gefühl, dass der Austausch der Pole, das kurze Rotieren um die andere Achse, der wunde Punkt war. In der Tat verbraucht das mehr Energie, als man bis dahin gewonnen hat, und das angebliche Perpetuum Mobile kommt nach 1–2 Umdrehungen zum Stillstand. Schade,

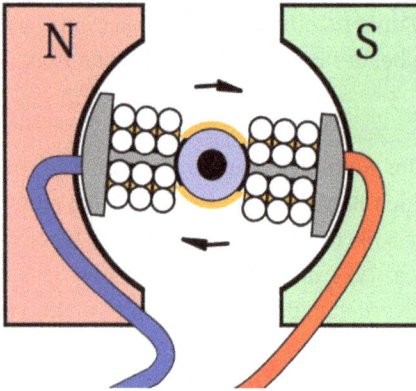

Abb. 34: Schematisches Bild eines Elektromotors. Quelle: MichaelFrey, https://de.wikipedia.org/wiki/Datei:
Animation_einer_Gleichstrommaschine.gif.

sonst wäre ich jetzt reicher als Bill Gates und hätte es nicht nötig, dieses Buch zu schreiben.

So dumm war meine Idee aber nicht, denn nach diesem Prinzip funktioniert der Elektromotor, der aber leider schon erfunden war. Das Umpolen des Stabmagneten geschieht hier auf elektrische Weise. Um das zu verstehen, muss man wissen, was ein Elektromagnet ist. Der besteht aus einem Stab aus einem magnetisierbaren Material, z. B. Eisen, der im Inneren einer Spule steckt, dem sogenannte Rotor. Schickt man elektrischen Strom durch diese Spule, wird der Stab magnetisiert. Wo sich Nord- und Südpol befinden, hängt von der Richtung ab, in der der Strom durch die Spule geschickt wird. Ändert man die Richtung, so ändert sich auch die Orientierung des Magneten. Also ersetzt man den inneren Stabmagneten durch einen Elektromagneten, und das Umpolen geschieht einfach durch Umkehren der Stromrichtung. Das kostet natürlich Energie, und so wandelt der Elektromotor elektrische Energie in mechanische um. Die Abbildung 34 zeigt ein schematisches Bild eines Elektromotors. An beiden Seiten sind Nord- und Südpol eines festen Magneten. In der Mitte ist der Rotor, ein Stab, von einer Spule umwickelt. Der Strom in der Spule magnetisiert den Stab, und die Richtung des Stroms bestimmt die Orientierung des Magneten, also wo jeweils Nord- und Südpol sind. Das Bild zeigt den Rotor in einer kritischen Position: Bis zu diesem Zeitpunkt war rechts der Nordpol und links der Südpol, so dass die Magneten sich gegenseitig anzogen. Damit der Rotor nicht stehenbleibt, muss jetzt seine Magnetisierung umgepolt werden, so dass sich die Magneten abstoßen und der Rotor weiterläuft.

Es gibt verschiedene Ausführungen des Elektromotors, je nach dem Zweck, für den man ihn einsetzen möchte. Das Schöne ist: Die Energie wird direkt umgewandelt, ohne Umwege über die Wärme, und der Wirkungsgrad wird nicht durch den zweiten Hauptsatz der Thermodynamik begrenzt – Werte von über 90 % sind erreichbar. Beim Einsatz in E-Autos ist der gesamte Wirkungsgrad geringer, gerechnet von der in die Batterie eingespeisten Energie bis zur Energie des Motors. Je nach Quelle liegt er zwischen 65 % und 80 %. Außerdem erzeugt er direkt eine Drehbewegung, während man bei einem Kolbenmotor das Auf und Ab des Kolbens erst über eine Pleuelstange in Drehung wandeln muss. Normalerweise braucht er auch keine Gänge oder Kupplung, weil er über einen großen Drehbereich effektiv ist.

Im Winter hat die Effektivität des Elektromotors einen Nachteil: Er produziert kaum Abwärme, so dass man ihn nicht zum Heizen gebrauchen kann. Man braucht also eine elektrische Heizung, die man mit der kostbaren Energie der Batterie speisen muss. Dies geht auf Kosten der Reichweite, die bei tiefen Temperaturen sowieso geringer ist, weil die Batterien dann schlechter speichern.

Das Gegenstück zum Elektromotor ist der Dynamo oder elektrische Generator. Während ein Elektromotor elektrische Energie in mechanische wandelt, wandelt der Dynamo mechanische Energie in elektrische. Dazu kann man denselben Apparat benutzen. Wenn ein E-Auto bremst, kann man am Elektromotor die äußere Stromzufuhr abschalten. Dann wirkt der Motor wie ein Dynamo und liefert Strom, der sich in der Batterie speichern lässt. Da die mechanische Energie verbraucht wird, bremst der Dynamo dabei den Wagen. Diese Art der Rückgewinnung der Energie nennt man auch Rekuperation.

Weitere Vorteile des Elektromotors: Er braucht nicht gekühlt zu werden, stößt keinerlei Abgase aus, ist viel leiser als ein Verbrennungsmotor und hat eine längere Lebensdauer. Die Attraktivität von E-Autos beruht vor allem auf dem Motor.

Zu meinem elften Geburtstag schenkten meine Eltern mir einen Experimentierkasten der Firma Kosmos mit dem schönen Namen *Elektromann,* mit dem man unter anderem einen funktionierenden Elektromotor bauen konnte. Beim Schreiben dieser Zeilen wurde ich neugierig, ob es ihn heute noch gibt, und wie er wohl heißen mag: Elektroperson oder Elektromann/frau/divers? Es gibt ein Nachfolgemodell, das sich in bestem Deutsch *Easy Elektro – Start* nennt und die Ergänzungsmodule *Big Fun* und *Light* besitzt. Was mich an diesen Bezeichnungen ärgert, ist nicht nur der deutsch-englische Sprachmüll. Mit den Bezeichnungen wird der Eindruck erweckt, als sei die Technik leicht zu erlernen und nichts als ein großer Spaß. Stimmt natürlich nicht. Bei den alten Kosmos-Kästen musste man konzentriert und sorgfältig den Anleitungen und Erklärungen folgen und war zu Recht stolz, wenn der Motor sich schließlich drehte.

Meine Frau, ebenfalls Wissenschaftlerin, meint, ich täte den Kosmos-Kästen von heute Unrecht. Trotz der manchmal dümmlichen Namen seien es in der Regel anspruchsvolle und kindgerechte Experimentierkästen, und die Enkel seien begeistert. Sie hat mich überzeugt: Zum nächsten Weihnachten wünsche ich mir einen Kosmos-Kasten.

Zur Wasserstoffökonomie

Öl, Gas und Holz, die Energieträger, auf denen unsere Wirtschaft Jahrhunderte lang beruhte, enthalten Kohlenstoff und verbrennen zu CO_2 und anderen Stoffen. Es war schon Mitte des letzten Jahrhunderts klar, dass dies zur Erwärmung der Erdatmosphäre führen müsse. Abgesehen davon, würden sich Erdgas und Öl irgendwann erschöpfen. Schon Ostwald hatte von Wasserstoff und Brennstoffzellen als Grundlage einer sauberen Energiewirtschaft geschwärmt. In den 1970er Jahren griffen Elektrochemiker diese Ideen wieder auf, und mein Kollege J. O'M Bockris (s. Abb. 35) prägte den Begriff Wasserstoffökonomie.

Natürlich verdiente die Wasserstoffökonomie ein eigenes Buch. Hier erwähnen wir nur einige Punkte, soweit sie im Zusammenhang mit unserem Thema stehen.

Abb. 35: J. O'M Bockris.

Wasserstoff ist das häufigste Element des Weltalls; er bildet 90 % der bekannten Materie. Trotzdem kommt er auf der Erde so gut wie gar nicht in freier Form vor; allerdings hat man in jüngster Zeit bei Tiefenbohrungen freien Wasserstoff gefunden – den

https://doi.org/10.1515/9783111712932-008

sogenannten weißen Wasserstoff. Später mehr darüber. In der Atmosphäre kommt er nicht vor, er ist zu leicht und würde sofort in den Weltraum entweichen. Zudem bildet er mit dem Sauerstoff der Luft eine hochexplosive Mischung, was seine Handhabung so schwierig macht. Immerhin lässt er sich in Pipelines transportieren; über lange Distanzen ist dies die beste Möglichkeit. Um ihn vom Ende einer Pipeline zu einer Tankstelle und von dort in ein Auto zu bringen, füllt man ihn unter hohem Druck in Stahlflaschen.

Normales Erdgas lässt sich bei −161° bis −146 °C verflüssigen (Flüssiggas), speichern, und transportieren. Allerdings gehen beim Abkühlen ca. 10–25 % der Energie verloren. Wasserstoff gefriert erst bei −260 °C, das ist nur 13 Grad über dem absoluten Nullpunkt. Beim Verflüssigen geht entsprechend noch mehr Energie verloren als bei Erdgas, und der Transport bei so tiefen Temperaturen ist teuer und verlustreich – bisher ist das keine Option.

Der große Vorteil von Wasserstoff ist die Energie pro Gewicht. Mit 142 MJ/kg[1] ist sie etwa dreimal höher als die von Petroleum. Im Vergleich ist die Energiedichte von Lithium-Ionen-Batterien mit 0,36 bis 0,88 MJ/kg lächerlich klein. Leider ist die Energie von Wasserstoff pro Volumen viel weniger günstig. Bei einem Druck von 700 bar, wie er in Stahlbehältern üblich ist, beträgt sie nur 5,6 MJ/l, im Vergleich mit 46,8 MJ/l für Petroleum. Dabei muss man noch berücksichtigen, dass die Komprimierung auf 700 bar auch Energie verschlingt. Die entsprechende Dichte für Lithium-Ionen-Batterien beträgt übrigens 0,9 bis 2,6 MJ/l – hier holen die Batterien also gegenüber Wasserstoff auf.

Beim Speichern von Wasserstoff können wir auf unsere Erfahrungen mit Erdgas bauen. Große Mengen lassen sich in den Höhlen von stillgelegten Salzbergwerken speichern. Diskutiert wird auch die Möglichkeit, Wasserstoff chemisch zu binden, z. B. in der Form von Ammoniak, der sich als Flüssigkeit auch leichter transportieren lässt. Leider geht wiederum viel Energie verloren, wenn man das Ammoniak synthetisiert und hinterher die Bindungen wieder aufbricht, um den Wasserstoff zurück zu gewinnen.

Wasserstoff wird zur Zeit überwiegend durch sogenannte Dampfreformierung gewonnen. Dabei werden Wasserdampf und Methan zu Wasserstoff und CO_2 gewandelt – letzteres will man natürlich nicht haben. Es gibt mehrere verwandte Verfahren, die auch CO_2 erzeugen. Dies wird beim Kværner Verfahren vermieden, bei dem Kohlenwasserstoffe, z. B. Methan, bei sehr hohen Temperaturen (1600 °C) in feste Kohle und Wasserstoff gespalten werden. Der Prozess verschlingt viel Energie, die aber im Kohlenstoff (zu 40 %) und im Wasserstoff (zu 48 %) gespeichert ist. Nicht nur der Wasserstoff, auch der Kohlenstoff ist ein nützliches Produkt. Selbst die anfallende Wärme kann genutzt werden. Entsprechende industrielle Anlagen sind in der Erprobungsphase. Interessant ist dies Verfahren vor allem dann, wenn die nötige Energie aus erneuerbaren Quellen stammt.

Das bekannteste Verfahren zur Erzeugung von Wasserstoff ist die Elektrolyse. Sie beruht einfach auf der Umkehrung der Reaktionen, die in Brennstoffzellen ablaufen:

---

1 1 MJ = 239 kcal; s. a. Anhang; mit 60 MJ kann man eine Badewanne voll Wasser zum kochen bringen.

Strom + Wasser $\rightarrow$ H_2 + O_2. Kehrt man die normale Niedertemperatur-Brennstoffzelle um, so verläuft die Elektrolyse mit einem Wirkungsgrad von ca. 60 %. Bei einer Hochtemperaturzelle sind es ca. 80 %, aber sie braucht eine stetige Stromzufuhr – schlecht bei unstetem Wetter. Betrachtet man einen ganzen Zyklus der Energiespeicherung im Wasserstoff,

$$\text{Strom} \rightarrow \text{Elektrolyse} \rightarrow \text{Wasserstoff} \rightarrow \text{Brennstoffzelle} \rightarrow \text{Strom}$$

so bleiben am Ende von der Energie, die man aufgewendet hat, gerade einmal 25–40 % übrig – eine dürftige Bilanz. Speichert man die Energie stattdessen in Lithiumbatterien, kann man sie fast vollständig wiedergewinnen. Allerdings brauchte man dazu sehr große und sehr teure Batterien, etwa Batterien mit einem Volumen von 1 m^3 pro Einwohner. Wo sollen die alle herkommen?

Die Farben des Wasserstoffs

Wasserstoff ist farblos, durchsichtig, geruch-, und geschmacklos. Trotzdem hat es sich eingebürgert, ihm Farben zuzuordnen je nachdem, wie er hergestellt wurde.

Schwarzer Wasserstoff Schon der Name verspricht wenig Gutes. Benutzt Kohle, um Wasserstoff aus Wasserdampf zu gewinnen. Das Verfahren ist bewährt, aber dabei entsteht natürlich CO_2, was man ja vermeiden möchte.

Grauer Wasserstoff Schon besser. Statt Kohle benutzt man Methan, was schon Wasserstoff enthält (Formel CH_4). Deshalb wird weniger CO_2 ausgestoßen.

Blauer Wasserstoff Wird produziert wie grauer Wasserstoff, aber das entstehende CO_2 wird nicht in die Atmosphäre geblasen, sondern eingefangen und gespeichert, was leider teuer und aufwendig ist. Wird deshalb bisher nicht industriell eingesetzt.

Türkiser Wasserstoff Noch nicht so richtig grün, aber fast. Wird mit dem oben erwähnten Kværner Verfahren erzeugt, und als Nebenprodukt fällt nur fester Kohlenstoff an. Verbraucht leider sehr viel Energie und ist damit sehr teuer.

Grüner Wasserstoff Nicht nur bei den Anhängern der gleichfarbigen Partei beliebt. Wird durch Elektrolyse von Wasser erzeugt, wobei der Strom ausschließlich aus erneuerbaren Quellen stammt. Wie oben diskutiert, ist das nicht sehr effektiv. Aber Wikipedia meint: ,Geringer Wirkungsgrad ist von untergeordneter Bedeutung, da Strom aus erneuerbaren Energien kostenfrei entsteht.' Ganz schön grünäugig. Wo soll der ganze Strom denn herkommen, den wir für Autos, Wärmepumpen, Computer und so weiter brauchen?

Roter Wasserstoff Wie grüner Wasserstoff, aber der Strom kommt aus Kernkraftwerken. Ist aber trotzdem nicht radioaktiv.

Gelber Wasserstoff Wie grüner Wasserstoff, aber der Strom kommt aus dem öffentlichen Netz, also ein Mix aus verschiedenen Energiequellen.

Weißer Wasserstoff Fällt als Abfallprodukt bei anderen chemischen Prozessen an. Leider gibt es nur sehr kleine Mengen. Interessanter sind Funde von Wasserstoff bei Tiefenbohrungen, die man in jüngster Zeit durchgeführt hat. Meist findet er sich in Wasser gelöst in mehr als tausend Meter Tiefe. Wie groß die Wasserstoffvorkommen sind und wie viel davon man fördern kann, wird heiß diskutiert. Die Schätzungen reichen von: ‚ein kleiner Beitrag zur benötigten Menge‘ bis zu: ‚deckt für einige Hundert Jahre unseren Bedarf.‘[2] Lassen wir uns überraschen.

Aber wie kommt der molekulare Wasserstoff überhaupt in diese Tiefen? Was immer es an Wasserstoff bei der Bildung der Erde gegeben hat, hat längst reagiert, z. B. zu Wasser, oder ist ins Weltall entfleucht. Er muss sich also gebildet haben oder auch immer noch bilden. Es gibt zwei Wege: Der eine ist aus radioaktiver Strahlung im Erdinnern, die aus radioaktiven Isotopen von Uran, Thorium, oder auch Kalium stammt. Diese Strahlung ist übrigens der Grund für die hohe Temperatur im Erdinnern. Trifft ein Strahl auf ein Wassermolekül, so kann er es aufbrechen in Wasserstoff und Sauerstoff: $H_2O \rightarrow H_2 + O$. Die andere Möglichkeit ist eine Reaktion von Wasser mit Eisen: Eisen + $H_2O \rightarrow$ Eisenoxid + H_2. Sie läuft bei Temperaturen von einigen Hundert Grad Celsius und einigen Tausend Meter Tiefe ab. Eine optimistische Annahme – in der Energieforschung tummeln sich die Optimisten – ist, dass sich der Wasserstoff genau so schnell bildet, wie man ihn dereinst fördert, denn Wasser läuft immer wieder von der Erdoberfläche nach. Wenn man einmal eine gute Quelle hätte, wäre sie fast unerschöpflich – eine energetisches Schlaraffenland. Aber seitdem wir aus dem Paradies vertrieben wurden, pflegt die Natur uns nicht zu verwöhnen.

Methanol-Ökonomie – oder: Was können wir von der Natur lernen?

Pflanzen spalten das Wasser mit Hilfe von Sonnenlicht in Sauerstoff, den sie abgeben, und Wasserstoff. Allerdings nicht in freien Wasserstoff, der ja unhandlich ist, sondern sie verbinden den Wasserstoff direkt mit Kohlenstoff zu sogenannten Kohlenwasserstoffen, die sie als Energieträger verwenden. Warum nicht die Natur nachahmen, und Methanol als Energieträger nehmen? Seine Formel ist CH_3OH, er besteht also aus Sauerstoff, Wasserstoff, und einem Kohlenstoffatom. Leider verbrennt der Kohlenstoff zu CO_2, das man ja vermeiden möchte, aber immerhin enthält es weniger Kohlenstoff pro Molekül als die Bestandteile der Erdöls. Es ist flüssig, leicht zu transportieren, kann direkt in Motoren verbrannt oder auch in Brennstoffzellen verwendet werden, und enthält mehr Energie pro Volumen als komprimierter Wasserstoff. Deshalb schlug der Chemie-

2 s. NZZ vom 5.2.2025 und Science Advances vom 13.12.2024, DOI: https://doi.org/10.1126/sciadv.ado095

Nobelpreisträger George A. Olah im Jahre 2005 zusammen mit einigen Kollegen eine Ökonomie auf der Basis von Methanol statt Wasserstoff vor.

Leider überwiegen die Nachteile: Bei der Produktion von Methanol wird Energie verbraucht und CO_2 ausgestoßen. Zudem ist es sehr korrosiv und kann deswegen nicht in normalen Pipelines transportiert werden. Es greift auch Aluminium an und ist deswegen ungeeignet für die meisten Motoren. Giftig ist es auch noch – Alkoholvergiftung durch billigen Fusel wird meistens von dem enthaltenen Methanol verursacht. Methanol mag seine Nische in der Energiewirtschaft finden, aber als Grundlage ist es leider nicht geeignet.

Das Argument, dass Pflanzen keinen freien Wasserstoff produzieren, wirkt überzeugend, und man fragt sich, ob man nicht mehr aus der Natur lernen könnte. Schließlich stammt alle Energie, die Pflanzen und Tiere zu sich nehmen, letztlich aus dem Sonnenlicht. Man könnte meinen, die Natur habe das optimiert – hat sie aber nicht; genauer gesagt: Sie hat es nach anderen Prinzipien als der Energieeffizienz organisiert. Die Photosynthese, mit der Pflanzen das Sonnenlicht aufnehmen und in brauchbare Energie wandeln, hat einen Wirkungsgrad von wenigen Prozent. Zum Vergleich: Der Wirkungsgrad von Solarpanelen, die Sie sich aufs Dach montieren lassen, liegt bei etwa 20 %; bis zu 30 % sind nach dem jetzigen Stand der Forschung möglich.

Abb. 36: Links: Ineffektiver Baum. Rechts: Effektiver Baum (nach Magritte).

Die Natur funktioniert nach anderen Prinzipien als unsere Technik – schließlich laufen die Hasen ja nicht auf Rädern, sondern auf Beinen, so wie übrigens auch die Fahrzeuge der Martianer im „Krieg der Welten" von H. G. Wells. Die Unterschiede zwischen Natur und Technik werden in dickbändigen Werken diskutiert. Wir wollen nur drei

Prinzipien herausheben. (1) Die Natur kann es sich leisten, verschwenderisch zu sein. Weil ein einziges Blatt zu wenig Energie liefert, haben Bäume Tausende von Blättern (s. Abb. 36). Anderes Beispiel: Egal wie viele Mäuse Ihre Katzen nach Hause schleppen, es bleiben genügend übrig, um den Fortbestand der Mäuse zu sichern. (2) Lebewesen können sich selber reparieren. Wenn ein Blatt abfällt, macht der Baum eben ein neues. Für Tiere gilt das nur mit Einschränkungen: Wenn Ihre Katze der Maus den Schwanz abbeisst, wächst kein neuer nach, aber ein Loch in der Haut wächst normalerweise wieder zu. (3) Prozesse in Lebewesen laufen nahe der Zimmertemperatur ab; weder erzeugen sie viel Energie, noch verbrauchen sie viel. Deswegen kann ein Baum auch keine Siliziumpanele zur Energiegewinnung erzeugen – aber eine Baumkrone mit richtigen Blättern, die im Winde rauschen, ist sowieso viel schöner. Andererseits: Vielleicht fänden wir einen Baum mit Siliziumblättern, die wie Lametta in der Sonne glitzern, ja auch schön, wenn es ihn gäbe.

Aviation, Schifffahrt, und Bahnverkehr

Aviation

Die Luftfahrt trägt geschätzte 2,5 % zum globalen CO_2 Ausstoß bei. Das ist etwa so viel, wie Deutschland insgesamt ausstößt. Grund genug, beim Fliegen auf Verbrennermotoren zu verzichten. Aber das ist nicht so einfach. Lithiumbatterien sind für längere Strecken, etwa nach Mallorca oder gar über den Atlantik, zu schwer. Für kürzere Strecken und wenige Passagiere hingegen reicht ihre Energiedichte aus.

Da Elektromotoren viel leiser sind als mit Kerosin betriebene Triebwerke, entstand die Idee eines Flugtaxis, das auf kleinen Plätzen landen könnte und keine besonderen Flugplätze bräuchte wie gewöhnliche Hubschrauber. In Deutschland gibt es, oder genauer: gab es, zwei Start-ups, Lilium und Volocopter, die mit Lithiumbatterien betriebene Flugtaxis bauen wollten. Sie sollten senkrecht starten und landen können und eine Reichweite von mehreren Hundert Kilometern haben. In den letzten Monaten gingen beide Firmen in die Insolvenz.

Schauen wir uns Lilium als Beispiel an. Diese Firma hatte ein elegantes Konzept entwickelt, bei dem ein Kleinflugzeug von 36 kleinen Düsentriebwerken angetrieben wird, die bei Start und Landung abwärts und beim Flug horizontal gerichtet sind. Auf der noch existierenden Homepage der Firma sieht man eine hübsche Animation und einen Testflug von wenigen Minuten und in geringer Höhe.

Die Entwicklung eines neuen Flugzeugs verschlingt erst einmal eine Menge Geld, ehe man das erste Produkt ausliefern kann. Die traurige finanzielle Entwicklung von Lilium kann man auf mehreren Seiten im Internet nachlesen. Der Anfang war vielversprechend: Über 1,5 Milliarden Euro Kapital eingeworben, Kooperationen mit renommierten Firmen, Absichtserklärungen für Bestellungen. Aber bei Experten gab es einen großen Streit, ob das konzipierte Flugzeug auch nur annähernd die versprochene Reichweite erreichen könnte. Die Lithiumbatterien hätten nicht genügend Energie, und der Stromverbrauch beim senkrechten Start und Landen sei zu hoch. Als Nicht-Fachmann mag man den Streit nicht beurteilen. Er erinnert mich an das Problem der Hummel: Physiker haben durch ausführliche Rechnungen nachgewiesen, dass die Hummel gar nicht fliegen kann: sie ist zu schwer und hat zu wenig Energie. Zu unserer Freude und der unserer Blumen fliegen Hummeln trotzdem. Wenn Lilium einen funktionierenden Flieger mit der versprochenen Reichweite vorweisen könnte, wäre der Streit beendet. Oder das Konzept lebt wieder auf, falls wirklich einmal die leichteren Lithium-Schwefel-Batterien auf den Markt kommen.

Mittlerweile sind die Flugtaxis noch von anderer Seite unter Beschuss geraten:[1] Die amerikanische Luftfahrtbehörde hat die Luftströmungen untersucht, die bei Start und Landung von Helikoptern auftreten. In der unmittelbaren Umgebung treten Winde von

---

[1] NZZ vom 13.3.2025.

https://doi.org/10.1515/9783111712932-009

Orkanstärke auf. Ein elektrisches Flugtaxi kann nicht einfach in Ihrem Garten oder auf dem nächsten Parkplatz landen und Sie abholen – Ihre Blumen und das Dach Ihres Hauses würden es nicht überleben. Sie brauchen spezielle Flugplätze. Damit verliert das Konzept einen großen Teil seines Charmes. Aber im Prinzip sind elektrisch betriebene Flugzeuge, sei es mit Batterie oder mit Brennstoffzelle, auf Kurzstrecken kein Problem.

Anders sieht es bei Langstrecken aus. Batterien sind dafür zu schwer und werden es in absehbarer Zeit auch bleiben, deshalb setzt die Luftfahrtindustrie ganz auf Wasserstoff, auf grünen versteht sich, der mit Wind- und Sonnenenergie produziert wurde. Nach den ersten ehrgeizigen Plänen sollte jetzt (2025) der erste Prototyp fertig sein, 2035 die ersten kleineren Flugzeuge auf Langstrecken fliegen, und im Jahr 2050 sollten rund 20 % des Flugverkehrs auf Wasserstoff beruhen. Alle diese Pläne sind jetzt auf spätere Zeiten verschoben.

Wasserstoff hat zwar die höchste Energiedichte pro Masse, aber die Energie pro Volumen ist klein (s. Tafel im Anhang). Damit man überhaupt genügend Wasserstoff für eine Langstrecke laden kann, muss man ihn verflüssigen, also auf unter −250 °C abkühlen. Dies setzt den Aufbau einer aufwendigen Infrastruktur voraus. Aber selbst flüssiger Wasserstoff hat ein ca. viermal größeres Volumen pro Energie als Kerosin, es bräuchte also viermal größere Tanks. Es gibt zudem technische Schwierigkeiten, die Tanks in den Flügeln unterzubringen, wie man es mit Kerosintanks macht. Man fragt sich, wo die Passagiere sitzen sollen.

Wenn man den Flugverkehr in den heutigen Dimensionen aufrecht erhalten möchte, braucht man Unmengen an Wasserstoff. Am Flughafen Frankfurt müsste jede Minute ein Lastwagen mit Wasserstoff ankommen. Alternativ könnte man den Wasserstoff vor Ort durch Elektrolyse produzieren, aber das erfordert den Strom von zwei bis drei Atomkraftwerken – die möchte man ja auch nicht gerade direkt neben einem Flugplatz bauen. Zudem ist Wasserstoff hoch explosiv wenn er sich mit Luft mischt. Schon ein kleines Leck könnte ein Flugzeug zerstören; man denke an die Explosion des Zeppelins Hindenburg 1937.

Den Wasserstoff kann man direkt in Motoren verbrennen, was aber wenig effizient ist. Besser ist es, in Brennstoffzellen Strom zu erzeugen und Elektromotore anzutreiben. In kleinen Flugzeugen klappt das auch alles gut. Das Problem sind eben lange Strecken und der Massentourismus.

Die Alternative zu Wasserstoff sind künstliche nachhaltig hergestellte Treibstoffe. Die kann man aus CO_2 und Wasserstoff produzieren. Zwar wird beim Verbrennen wieder CO_2 erzeugt, aber ebenso viel hat man ja vorher bei der Herstellung vernichtet. Zur Zeit sind diese künstlichen Treibstoffe etwa sechsmal teurer als Kerosin, und es ist fraglich, ob man sie überhaupt in den nötigen Mengen herstellen könnte. Dasselbe gilt für biologisch erzeugte Treibstoffe. Kurz gesagt: Das Problem, wie umweltfreundlicher Flugverkehr in Zukunft aussieht, sofern es ihn überhaupt geben sollte, ist völlig offen.

Schiffsverkehr

Kleine Schiffe auf Seen und Flüssen fahren schon länger mit Strom, sei es mit Batterien (vorzugsweise) oder Brennstoffzellen. Aber was ist mit den großen Pötten, Containerschiffen oder Tankern, die über die Ozeane schippern? Zur Zeit benutzen sie Unmengen von Rohöl als Treibstoff; da dies besonders schädlich ist, schalten sie in Küstennähe auf Diesel um, der weniger Schadstoffe erzeugt, aber natürlich Unmengen an CO_2. Will man sie stattdessen elektrisch antreiben, braucht man Unmengen an Strom. Batterien kommen als Speicher kaum in Frage, sie wären zu groß und zu schwer. Also bleibt, wie bei den Flugzeugen, nur der Wasserstoff. Dessen Einsatz ist bei Schiffen glücklicherweise weniger problematisch, sie müssen ja nicht fliegen und haben so viel Stauraum, dass man etwas davon als Treibstofftank benutzen kann. Flüssiger Wasserstoff ist freilich ungeeignet, weil er zu teuer und technisch zu aufwendig ist. Gasförmiger Wasserstoff, selbst wenn man ihn in Druckbehältern transportierte, nähme zu viel Raum ein.

Als Ausweg kann man Wasserstoff chemisch oder physikalisch binden, so dass er weniger Volumen einnimmt. Eine einfache Möglichkeit ist die Herstellung von Methanol, chemische Formel CH_3OH. Sie kennen es aus der Schwarzbrennerei, es ist der Teil des Alkohols, der sich am Anfang bildet und den Sie wegschütten – er macht blind. Als Flüssigkeit ist er recht einfach zu transportieren und zu speichern. Die Idee ist folgende: Man bildet aus Wasserstoff und CO_2 Methanol gemäß

$$CO + 2H_2 \rightarrow CH_3OH \text{ oder } CO_2 + 3H_2 \rightarrow CH_3OH + H_2O.$$

Dieses transportiert man zum Schiff, wo es gespeichert wird. Wenn man den Wasserstoff braucht, wird das Methanol mit Wasser gemäß der Umkehrreaktion der zweiten Reaktionsgleichung wieder gespalten. Das CO_2 wird abgetrennt, gespeichert, und später wieder zur Herstellung von Methanol benutzt. Es gibt also einen geschlossenen Kreislauf für CO_2. An Stelle von Methanol kann man den Wasserstoff auch in Ammoniak speichern, wie wir beim Kapitel über die Wasserstoffökonomie gesehen haben. Den Wasserstoff kann man entweder in Brennstoffzellen zur Stromerzeugung benutzen oder direkt in konventionellen Motoren verbrennen. Ersteres ist effektiver, aber man braucht Schiffe mit Elektromotoren.

Natürlich verbraucht die Bildung und spätere Spaltung von Methanol insgesamt Energie. Aber was immer Sie mit Wasserstoff machen, Sie verlieren einen Teil der mühsam gespeicherten Energie. Dies ist der Fluch der Wasserstoff-Ökonomie.

Bahnverkehr

Wenn man nur mit ICEs von Stadt zu Stadt fährt, erhält man den Eindruck, das Bahnnetz sei fast vollständig elektrifiziert. In Wirklich sind es aber nur rund 60 %, und in anderen

Ländern, z. B. in den USA und Großbritannien, sind es noch viel weniger. Eine Bahnstrecke mit Masten und Oberleitungen zu elektrifizieren ist teuer und aufwendig, und so setzt man lieber Diesellokomotiven ein, in Deutschland vorwiegend auf Nebenstrecken.

Für den elektrischen Betrieb ohne Oberleitung bieten sich zwei Alternativen an: Lithiumbatterien oder Brennstoffzellen. Die Batterien sind mittlerweile eine ausgereifte Technik, die millionenfach in Autos erprobt ist. Sie zum Antrieb von Zügen zu benutzen macht keine prinzipiellen Schwierigkeiten. Allerdings sind die Batterien schwer und deswegen für Bergstrecken weniger geeignet. So überrascht es nicht, dass sie in Niedersachsen und Schleswig-Holstein eingesetzt werden. Allerdings ist ihre Reichweite mit ca. 80–100 km begrenzt.

Man kann sich behelfen, in dem man bei langen Strecken elektrifizierte Inseln baut, z. B. an Bahnhöfen, an denen die Batterien aufgeladen werden. Das verlangsamt die Reise etwas, aber auf einer idyllischen Nebenstrecke ist dies weniger kritisch als auf den Routen zwischen den großen Städten.

Stattdessen kann man den Strom an Bord des Zuges mit Brennstoffzellen erzeugen (s. Abb. 37), in einer kleinen Batterie zwischenspeichern und zum Antrieb der Elektromotoren verwenden. Mit einer Ladung Wasserstoff lassen sich so ca. 1000 km fahren, ohne dass man tanken müsste. Allerdings leiden die Brennstoffzellen zur Zeit noch unter Kinderkrankheiten und fallen zu oft aus – mehr Zugausfälle und Verspätungen sind das letzte, das die Bundesbahn braucht. Doch sind dies wohl nur Startschwierigkeiten bei der Fabrikation der Zellen. Ein anderes Problem ist der Wasserstoff; bei seiner Pro-

Abb. 37: Die Person im Vordergrund ist Professor J. O'M Bockris, der Erfinder des Begriffes Wasserstoff-Ökonomie.

duktion verliert man ca. 40 % der eingesetzten Energie. Dafür sind die Elektromotoren besondere effektiv, mit Wirkungsgraden von 90 % gegenüber 40 % bei Dieselmotoren. In Zukunft werden wir ja bei kräftigem Wind und strahlenden Sonnenschein zu viel Strom produzieren, den wir größtenteils zur Erzeugung von Wasserstoff verwenden werden. Dieser grüne Wasserstoff wäre ideal zum Antrieb von Zügen.

Dem geneigten Leser ist sicherlich nicht entgangen, dass sich bei Bahnverkehr Batterien und Brennstoffzellen aufs Beste ergänzen, erstere für Kurz- und letztere für Langstrecken. Wie bei normalen E-Autos, benutzt man die Energie beim Bremsen zum Aufladen der Batterie, macht also Rekuperation.

E-Sprit oder e-fuels

Was machen Sie in zwanzig Jahren, wenn Sie nur noch klimaneutral fahren dürfen, mit Ihrem Porsche 911? Natürlich können Sie eine schwere Batterie und einen Elektromotor einbauen und das satte Röhren eines Sechszylinders aus einer Stereoanlage dröhnen lassen. Aber der Wagen liegt dann ganz anders auf der Straße, bei schnellen Kurven trägt Sie die schwere Batterie in den Graben, und der Motorsound aus der Elektronik ist so albern, wie wenn Sie mit dem Mund ‚Brumm Brumm Brumm' machten.

Aber keine Sorge, Sie werden auch dann Ihren Boliden noch mit halbwegs gutem Gewissen fahren können, Sie müssen statt normalem Benzin allerdings e-Sprit tanken. Dabei handelt es sich um folgendes: In einem Motor verbrennt Benzin bekanntlich zu Wasser und CO_2. Beim e-Sprit macht man es umgekehrt: Man synthetisiert Benzin aus Wasser und CO_2, das man der Luft entzieht. Zwar wird das CO_2 beim Verbrennen im Motor wieder freigesetzt, aber insgesamt ist kein neues CO_2 erzeugt worden. Leider verschlingt diese Synthese von Benzin Unmengen an Energie, aber die sollte theoretisch aus grünem Strom[1] erzeugt werden.

Leider ist die Energiebilanz miserabel. Alleine bei der Produktion des e-Sprits gehen 60 % der eingesetzten Energie verloren. Im Porsche-Motor werden 30 % davon verwertet, so dass man insgesamt auf einen Wirkungsgrad von etwa 10 % kommt. Es wäre besser für Sie und die Umwelt, Sie benutzen normales, fossiles Benzin und pflanzten jedes Jahr ein paar Bäumchen. Oder Sie toben Ihre Rennfahrerinstinkte an einer Carrera-Bahn aus, da können Sie sogar Ihre Kinder ans Steuer lassen. Natürlich dürfen Sie die Rennbahn nur mit grünem Strom betreiben.

E-Treibstoffe sind nur dann sinnvoll, wenn es keine Alternative gibt. Das mag bei Langstreckenflügen der Fall sein, bei der Hochseeschifffahrt oder bei manchen Prozessen in der chemischen Industrie. Ansonsten ist ihr Gebrauch eine effektive Methode zur Vernichtung von Energie. Übrigens, alle Energie, die bei der Umwandlung verloren geht, endet als Wärme.

---

1 Nein, kein Strom von grünen Elektronen, sondern Strom, der aus nichtfossilen Energiequellen wie Wind und Sonne erzeugt wurde.

https://doi.org/10.1515/9783111712932-010

Exkurs über Wärmepumpen

Der zweite Hauptsatz der Thermodynamik hat aber auch eine gute Nachricht: Wärmepumpen, eine Form der Heizung, können einen Wirkungsgrad von weit über 100 % haben! Zwar gehören Heizungen nicht zum zentralen Thema dieses Buches, aber Wärmepumpen werden auch in Elektroautos verwendet, sie sollen demnächst fast ausschließlich unsere Häuser heizen, und man kann sie leicht verstehen mit dem, was wir oben gelernt haben. Genügend Grund für einen Exkurs.

Im Prinzip ist eine Wärmepumpe ein Verbrennungsmotor oder eine Dampfmaschine, die rückwärts läuft. Erinnern wir uns: Bei einer Dampfmaschine wird aus einem heißen Wärmebad Wärme entnommen und dazu benutzt, einen Motor anzutreiben, der Arbeit leistet. Ein Teil der Wärme geht verloren und geht an das kalte Wärmebad – oder Kältebad – über. Dreht man den Prozess um, so entnimmt man dem Kältebad Wärme und benutzt einen Motor, der seine Energie von außen bezieht, um sie an das heiße Wärmebad abzugeben.

Wozu soll das gut sein? Es gibt zwei wichtige Anwendungen: (1) Man nutzt aus, dass das Kältebad kälter wird. Dann hat man einen Kühlschrank. Die Wärme wird dann an die Umgebung abgegeben und interessiert nicht. Fühlen Sie mal nach: An der Rückwand Ihres Kühlschranks ist es merklich wärmer. (2) Man nutzt aus, dass das Wärmebad wärmer wird. Dann hat man eine Heizung.

Der Wirkungsgrad ist dann das Verhältnis der Wärmeenergie, die man vom kalten Bad zum warmen transportiert, dividiert durch die Energie, die der Motor verbraucht. Dies ist der Kehrwert des Wirkungsgrads der Wärmekraftmaschine, also

$$\text{maximaler Wirkungsgrad der Wärmepumpe } \eta = \frac{T_h}{T_h - T_k}.$$

Man überzeugt sich leicht, dass dieser Wirkungsgrad immer größer als eins ist. Ein Beispiel: Sie nehmen als Kältebad Ihren Garten, der im Winter etwa 0 °C = 273 K hat. Sie möchten Ihre Heizung mit 40 °C = 313 K betreiben. Dann erhalten Sie einen theoretischen Wirkungsgrad von 7,825! Mit anderen Worten: Um mit einem normalen elektrischen Heizofen, der Strom in Wärme wandelt, dieselbe Heizleistung zu erzielen, bräuchten Sie 7,825 Mal mehr Strom. Die Wärme, die die Wärmepumpe abgibt, stammt zum größeren Teil aus Ihrem Garten, der Rest kommt von der eigentlichen Pumpe. Es findet also keinesfalls eine wundersame Energievermehrung statt.

Natürlich erreicht eine wirkliche Wärmepumpe niemals diesen theoretischen Wert. In der Praxis sind die Pumpen höchstens halb so effektiv wie theoretisch möglich, aber ein Gewinn von 3,6 ist schon recht ordentlich. Wenn Sie sich ein bisschen mit Mathematik auskennen, werden Sie bemerken, dass der Gewinn um so größer ist, je kleiner die Differenz zwischen den Temperaturen von warmen und kalten Bad ist. Wenn Sie in dem obigen Beispiel die Heizung mit 60 °C = 333 K betreiben, damit es mollig warm in Ihrem Haus wird, beträgt der theoretische Wirkungsgrad nur noch 5,55, der praktische

https://doi.org/10.1515/9783111712932-011

etwa 2,6–2,7, und die Heizung wird weniger effizient. Noch schlechter wird es, wenn das kalte Bad die umgebende Luft ist, deren Temperatur im Winter ja merklich unter 0 °C fallen kann.

Offensichtlich ist es günstig, wenn das warme Bad keine allzu hohe Temperatur hat. Bei konventionelle Gas- oder Ölheizungen wird das Wasser, ehe es durch die Heizkörper läuft, oft auf eine Temperatur von 70 °C geheizt. Bei einer Wärmepumpe sollte man unter 55 °C bleiben. Das setzt aber voraus, dass die Heizkörper die Wärme effizient an die Wohnung abgeben. Ideal sind Fußbodenheizungen, aber auch konventionelle Heizkörper sind akzeptabel, wenn sie ein große Fläche haben. Natürlich muss das Haus auch gut gedämmt sein, damit die hochgepumpte Wärme nicht gleich wieder verloren geht.

Es gibt eine Vielzahl von Wärmepumpen, die entweder alleine oder in Kombination mit konventionellen Heizungen betrieben werden. Wir können hier nicht weiter darauf eingehen, aber einen Punkt wollen wir noch diskutieren. Eine Wärmepumpe braucht eine Flüssigkeit, welche die Wärme vom kalten zum warmen Bad transportiert. Bei der Dampfmaschine ist es genauso, nur transportiert das Wasser (bzw. der Dampf) die Wärme vom warmen zum kalten Bad. Wasser kann man bei der Wärmepumpe nicht nehmen, es friert ja schon bei 0 °C und verdampft erst bei 100 °C. Man braucht also eine andere Flüssigkeit, die im Betriebsbereich verdampft und wieder kondensiert, denn bei Verdampfen wird besonders viel Energie aufgenommen und beim Kondensieren wieder freigesetzt. Dies garantiert eine gute Übertragung der Wärme vom kalten zum warmen Bad. Die organischen Chemiker sind gut darin, solche Flüssigkeiten zu synthetisieren, aber das ist meistens eine ziemliche Schweinerei: giftig, krebserzeugend, und umweltschädlich. Wenn Sie mein Alter haben oder einfach nur gut naturwissenschaftlich gebildet sind, dann erinnern Sie sich bestimmt an die FCKW, Fluorchlorkohlenwasserstoffe, die früher in Kühlschränken benutzt wurden, bis man herausfand, dass sie die Ozonschicht zerstören. Kühlschränke sind ja auch eine Art von Wärmepumpe, nur ist bei ihnen das Abkühlen des kalten Bades der Zweck, während die entnommene Wärme einfach an der Rückwand abgegeben wird und die Küche heizt. So hat man auch bei den Wärmepumpen Schwierigkeiten, umweltfreundliche Flüssigkeiten zu finden.

Aber insgesamt sind Wärmepumpen eine gute Sache. Wenn Sie jetzt Ihr Haus dämmen und eine Wärmepumpe einbauen, tun Sie etwas Gutes für die Umwelt und für Ihre Enkel – zu Ihren Lebzeiten wird sich die Investition allerdings nicht mehr amortisieren, es sei denn, der Wirtschaftsminister, wer immer er auch gerade sein mag, subventioniert Sie kräftig.

Kernreaktionen

Mit Wind- und Solarenergie alleine kann man den Energiebedarf in Deutschland nicht decken. Im Winter, wenn man am meisten Energie braucht, sind Solarzellen am wenigsten effektiv, und der Wind bläst auch nicht immer. Im Moment, wo ich dies schreibe, herrscht hier Nebel, kein Lüftchen weht (s. Abb. 38), und unsere Solaranlage, für maximal 8 kW ausgelegt, dümpelt bei 300 W. Das reicht gerade, um diesen Computer zu betreiben.

Abb. 38: Umweltfreundliche Energieerzeugung.

Zudem wird der Bedarf an elektrischer Energie stark zunehmen. In Zukunft sollen ja Autos elektrisch betrieben werden und die Heizung ebenso. Die künstliche Intelligenz wird Unmengen von Strom brauchen, und dazu kommt die sinnlose Produktion von Kryptowährungen, die aktuell so viel Strom verbraucht wie die ganze Schweiz. Man braucht eine Energieerzeugung, die unabhängig vom Wetter ist und möglichst kein CO_2 produziert. Wir sind nicht mit Wasserkraft gesegnet wie Norwegen oder mit thermischer Energie wie Island. Deswegen gibt es in Deutschland zur Zeit etwa hundert Gaskraftwerke. Die sind billig zu bauen, teuer im Betrieb, und produzieren natürlich CO_2, wenn auch pro Energie weniger als Kohlekraftwerke.

Als Alternative kommt Kernenergie in Frage – teuer in der Konstruktion, billiger im Betrieb, und ohne Produktion von CO_2. Deswegen bauen viele Länder in Europa neue Kernkraftwerke, während wir unsere gerade abgeschaltet haben. Wir wollen uns hier aber nicht mit den politischen Dimensionen der Kernkraft beschäftigen, sondern mit den physikalischen Grundlagen.

https://doi.org/10.1515/9783111712932-012

Das Rätsel der Sonnenenergie

Als ich zwölf Jahre alt war, lieh mir mein Großvater ein Buch über Astronomie aus seiner Bibliothek. Es war im Jahre 1912 gedruckt worden und enthielt wunderschöne schwarz-weiß Fotos von Planeten und Galaxien sowie Zeichnungen des Sonnensystems. Das meiste, das ich aus diesem Buch gelernt habe, gilt auch heute noch, denn schließlich geht es bei der Astronomie um Zeitskalen von Millionen, ja Milliarden Jahren. Das letzte Kapitel jenes Buches befasste sich mit einem der großen Rätseln jener Zeit: Woher bezieht die Sonne, oder allgemeiner, beziehen die Fixsterne ihre Energie?

Chemische Energie konnte es nicht sein. Selbst wenn die Sonne ganz aus Kohle bestünde, wäre sie längst verbrannt, ehe die Planeten entstehen konnten. Aber auch die bekannten physikalischen Energiequellen waren viel zu schwach. Zwar musste sich die Sonne stark erwärmt haben, als sie sich aus Gas- und Staubwolken bildete, aber seitdem hätte sie längst erloschen sein sollen. Schließlich spekulierte der Autor, vielleicht hätte die Energie der Sonne mit dem Geheimnis des Radiums zu tun, das erst wenige Jahre zuvor entdeckt worden war. Auch die Energie, die das Radium ausstrahlte, war viel zu hoch, als dass sie ihren Ursprung in chemischen Prozessen haben konnte. Wenn es gelänge, diese Energie zu bändigen und nutzbar zu machen, so der Autor, habe man die Energieprobleme der Menschheit gelöst.

Prophetische Worte, aber bis man die Radioaktivität verstanden hatte, sollten noch Jahrzehnte vergehen, und nutzbar gemacht wurde sie erst für die tödlichsten Waffen. Es gibt zwei Arten, die Kernenergie für Bomben zu nutzen, die unterschiedliche Techniken verwenden: Atombomben, die auf der Spaltung von Atomen beruhen, und Wasserstoffbomben, die auf der Fusion von Atomen beruhen. Was die friedliche Nutzung betrifft: In den bestehenden Atomreaktoren werden Atome gespalten, und an der wirtschaftlichen Nutzung der Fusion wird intensiv geforscht. Wir interessieren uns hier für den physikalischen Hintergrund, wir wollen verstehen, wie sie funktionieren. Die gesellschaftlichen und politischen Probleme ihrer Nutzung lassen wir aussen vor.

Etwas Kernphysik – reicht fast für den Bachelor

Zum Verständnis der Kernenergie gehen wir so weit wie möglich zurück, zum Urknall, an den sich die wenigsten von Ihnen erinnern werden. Damals entstand das Universum aus dem Nichts, aus einem Punkt. Direkt nach dem Knall herrschte ein Chaos von Energie und instabilen Teilchen, die sich bildeten und wieder zerfielen. Erst, je nach Standpunkt auch: schon, nach drei Minuten bildeten sich die ersten stabilen Atomkerne von Wasserstoff (Protonen) und Helium, dazu ein bisschen Lithium und Beryllium, also die vier leichtesten Elemente. Danach war erst mal Schluss mit der Elementbildung.

Ovid beschreibt dies in seinen *Metamorphosen* poetischer:

Ehe denn Meer und Land
und der alles bedeckende Himmel,
War in dem ganzen Bereich
der Natur ein einziges Aussehen,
Das man Chaos genannt,
ein verworrenes rohes Gemenge...

Aber kehren wir zurück zur prosaischen Beschreibung der Physik. Der Aufbau der Atomkerne ist ganz leicht zu verstehen: Sie sind aus zwei Elementarteilchen aufgebaut: den positiv geladenen Protonen, von denen schon bei den Brennstoffzellen die Rede war, und den ungeladenen Neutronen. Beide Teilchen sind winzig, viel kleiner als ein Atom, und haben (fast) die gleiche Masse. Die chemische Natur, also um welches Element es sich handelt, wird durch die Anzahlt der Protonen im Kern bestimmt. Ein neutrales Atom hat genau so viele Elektronen in der Schale wie Protonen im Kern, und die Elektronen sind für die chemischen Eigenschaften verantwortlich.

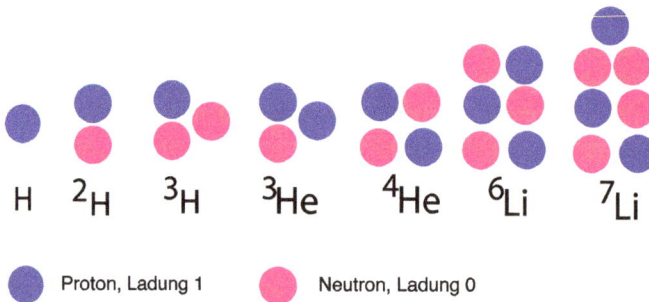

Abb. 39: Kerne von einigen leichten Elementen.

Wozu dienen dann überhaupt die Neutronen? Die Protonen im Kern stoßen sich wegen ihrer positiven Ladung und ihres extrem kurzen Abstands stark ab. Die Neutronen wirken als eine Art Leim, der die Abstoßung überwindet und den Kern zusammenhält. Dies geschieht über eine besonders starke Wechselwirkung zwischen den Elementarteilchen; sie ist stärker als die elektrische Abstoßung. Ohne viel Fantasie hat man diese Wechselwirkung die *starke* getauft. Eine Übersicht über die vier verschiedenen Wechselwirkungen finden Sie im Anhang.

Schauen wir uns doch die Zusammensetzung der Kerne einiger leichter Elemente an (s. Abb. 39). Die Elemente selbst werden bekanntlich durch ihre Symbole bezeichnet, H, He, Li, und so weiter. Will man dazu die Zusammensetzung des Kerns charakterisieren, so gibt man noch die Atommasse an. Dies ist einfach die Summe der Anzahl von Protonen und Neutronen; mit anderen Worten: Man setzt die Masse eines Protons oder Neutrons gleich eins. Man gibt sie oben links an dem Symbol an. Beispiel: Die häufigste Form des Heliums hat zwei Protonen und zwei Neutronen, man schreibt also: ^{4}He.

Die Angabe der Atommasse ist nützlich, weil es Kerne mit derselben Anzahl von Protonen, aber verschiedener Zahl von Neutronen gibt. Diese Varianten desselben Elements heißen Isotope.

Das leichteste Element ist der Wasserstoff, den wir ja schon kennen gelernt haben. Im einfachsten und häufigsten Fall besteht der Kern aus einem Proton, und man schreibt dann H, oder pedantischer, ^{1}H. Es gibt aber auch eine Variante, ein Isotop, das zusätzlich ein Neutron hat, das ^{2}H, das auch Deuterium, D, genannt wird. Chemisch unterscheidet sich das Deuterium nicht vom einfachen Wasserstoff, es ist aber doppelt so schwer. Die dem normalem Wasser entsprechende Verbindung D_2O nennt man auch schweres Wasser.

Es gibt noch ein weiteres noch schwereres Isotop, das Tritium, ^{3}H, auch einfach mit T bezeichnet, das aus zwei Neutronen und einem Proton besteht. Es ist nicht stabil, sondern zerfällt mit einer Halbwertzeit von 12,32 Jahren, d. h., von einer gegebenen Menge Tritium ist nach 12,32 Jahren nur noch die Hälfte da, nach weiteren 12,32 Jahren nur noch ein Viertel, und so weiter. Es zerfällt zu einem Isotop des Heliums,

$$\text{T} \rightarrow {}^3\text{He} + \text{e}^- + \bar{\nu}_e.$$

Das ^{3}He besteht aus zwei Protonen und einem Neutron; beim Zerfall wird also ein Neutron in ein Proton und ein Elektron umgewandelt. ^{3}He ist stabil – es ist neben dem Wasserstoff der einzige Kern, der mehr Protonen als Neutronen enthält. Das $\bar{\nu}_e$ ist ein sogenanntes Neutrino, ein Teilchen mit äußerst geringer Masse, von denen es mehrere Varianten gibt, die uns hier aber nicht interessieren.

Gehen wir weiter zu schwereren Kernen über. Es folgt das ^{4}He, das wesentlich häufiger als das ^{3}He ist. Wie wir schon oben berichtet haben, bildete sich He schon kurz nach dem Urknall. Wir werden sehen, dass es weiterhin in Sonnen gebildet wird. Insgesamt ist es das zweithäufigste Element im Weltall. Auf der Erde kommt es bei einigen Lagerstätten als Komponente des Erdgases vor.

Helium ist ein faszinierender Stoff. Chemisch ist es völlig träge und reagiert mit nichts – nicht einmal mit sich selbst. Bis hinunter zu einer Temperatur von 4,15 K, also bis dicht über dem absoluten Nullpunkt, ist es gasförmig und besteht aus einzelnen Atomen. Als Flüssigkeit entwickelt es merkwürdige Eigenschaften und wird unterhalb von 2,18 K superfluid. In diesem Zustand kann es durch kleinste Löcher dringen, Wände hinauf kriechen oder aus offenen Behältern oben hinauslaufen. Es wäre einen eigenen Kurs mit Experimenten wert!

Danach kommt das Lithium, das wir ja schon als Stoff für Batterien kennen. Es gibt zwei wichtige Isotope, ^{6}Li und ^{7}Li, von denen das letztere viel häufiger ist. Jetzt wissen wir genug, um die Kernfusion zu verstehen!

Kernfusion in der Sonne

Die Spekulation der Astronomen zum Beginn des 20. Jahrhunderts, dass die Sonnenenergie mit dem Geheimnis des Radiums zu tun habe, war im Prinzip richtig. Allerdings handelt es sich beim Radium um den Zerfall von Atomkernen – später dazu mehr. Die Sonne bezieht ihre Energie aber aus der Fusion von Atomkernen, also dem Aufbau von größeren Kernen. Die Sonne besteht zu etwa 92 % aus Wasserstoff, den sie in mehreren Schritten zu ^{4}He verbrennt. Aus vier Protonen wird also ein Heliumkern. Warum wird dabei Energie frei?

Nach dem Aufbauprinzip der ersten Elemente, das wir oben beschrieben haben, ist ein ^{4}He Kern viermal so schwer wie ein Proton. So ganz stimmt das aber nicht, in Wirklichkeit ist der He-Kern um 0.71 % leichter als vier Protonen. Der größte Teil dieser fehlenden Masse wird bei der Bildung von ^{4}He in Strahlungsenergie umgewandelt nach der berühmten Einstein-Formel $E = mc^2$ – ein kleiner Teil geht in leichten Teilchen verloren, s. u. Da die Lichtgeschwindigkeit mit $c = 300\,000$ km/s riesig ist und dazu noch im Quadrat einhergeht, entsteht pro Fusion eine gigantische Energiemenge.

Der erste Schritt bei der Fusion ist die Fusion von zwei Wasserstoffkernen, von zwei Protonen,

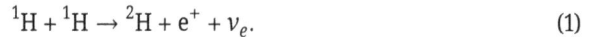

$$^1H + {}^1H \rightarrow {}^2H + e^+ + \nu_e. \tag{1}$$

Dabei ist ein e^+ ein sogenanntes Positron, ein Teilchen wie das Elektron, aber mit positives Ladung; ν_e ist wieder ein Neutrino. Dies ist nicht nur der erste, sondern auch der langsamste Schritt. Alle späteren Schritte führen schließlich zu einem ^{4}He, können aber erst nach Schritt (1) ablaufen. Da die Sonne ja gigantische Mengen an Energie ausstößt, würde man vermuten, dass der erste Schritt ziemlich häufig vorkommt, aber weit gefehlt: Ein bestimmtes Proton in der Sonne muss im Mittel 14 Milliarden (in Zahlen: $1{,}4 \cdot 10^{10}$) Jahre warten, bis es mit einem anderen Proton zu einem ^{2}H verschmilzt. Das entspricht ungefähr dem Alter des Weltalls!

Dass diese Reaktion so langsam ist, liegt an den positiven Ladung der beiden Protonen, die sich stark abstoßen. Es ist auch kein Neutron dabei, das die Abstoßung mildern könnte. Erst bei extrem kurzen Abständen ziehen sich die beiden Protonen auf Grund der starken Wechselwirkung an. Bis sie sich so nahe kommen, müssen sie einen hohen Energieberg überwinden. Selbst bei den ca. 15–16 Millionen K, die im Kern der Sonne herrschen, reicht die thermische Energie nicht ganz aus, um die Abstoßung zu überwinden. Stattdessen tunneln die Protonen durch den Energieberg, um sich zu treffen. Das Tunneln ist ein quantenmechanischer Effekt, der auch nur selten vorkommt. Dazu wird bei der Reaktion ein Proton in ein Neutron umgewandelt, wobei ein Elektron und ein Neutrino entstehen. Dies geschieht nur mit der schwachen Wechselwirkung (s. Anhang) und deshalb sehr langsam.

Dass die Fusion von zwei Protonen überhaupt vorkommt, liegt an der riesigen Menge an Protonen, die es in der Sonne gibt. Man muss staunen ob des Gleichgewichts, das sich bei der winzigen Reaktionswahrscheinlichkeit und der riesigen Zahl der Protonen einstellt, so dass die Sonne mit etwa konstanter Strahlung Milliarden von Jahren brennen kann – lange genug, dass Planeten entstehen konnten. Auf einem Planeten waren die Bedingungen sogar für die Entstehung von Leben günstig, wobei sich unter andern eine mehr oder weniger intelligente Spezies entwickelte.

Neben der Proton-Proton Reaktionskette, die mit Reaktion (1) beginnt, gibt es noch den Bethe-Weizsäcker oder CNO-Zyklus. Aber der braucht Kohlenstoff als Ausgangssubstanz, der selten ist auf der Sonne, so dass er weniger zur gesamten Strahlung beiträgt. Aber wo kommt der Kohlenstoff eigentlich her? Nach dem Urknall gab es doch nur H, He, und ein bisschen Li?

Erzeugung der Elemente

Unsere Sonne ist ja nur eine von Myriaden Sonnen im Weltall. Was wir über das weitere Schicksal der Sonne wissen, kennen wir aus der fortgeschritteneren Entwicklung von Sternen ähnlicher Größe und Zusammensetzung.

Die weitere Entwicklung der Sonne ist etwas kompliziert, wir geben hier nur die wichtigsten Züge wieder. Nach einigen Milliarden Jahren ist der größte Teil des Wasserstoffs im Kern zu Helium verbrannt. Im nächsten Schritt steigt die Temperatur an und das Helium beginnt zu verbrennen, wobei sich vorwiegend Kohlenstoff und Sauerstoff bilden, wobei aber weniger Energie frei wird als beim Wasserstoffbrennen. Aber auch das Helium geht irgendwann zur Neige, und es folgt eine Kaskade von Fusionsreaktionen mit immer kleineren Energieausbeuten. Bei genügend großen und schweren Sternen geht diese Entwicklung bis zur Bildung des Eisens, dann ist Schluss mit dieser Art von Fusion. Bei der Fusion des Eisens mit anderen Teilchen zur Bildung schwererer Elemente wird Energie benötigt statt gewonnen.

Die schwereren Elemente entstehen, wenn ein Stern mit mindestens acht Sonnenmassen ausgebrannt ist. Er fällt dann auf Grund der Gravitation in sich zusammen, heizt sich dabei extrem auf, und explodiert in einer sogenannte Supernova, wobei seine Materie in den Weltraum geschleudert wird. Dabei treffen Neutronen und Protonen mit hoher Energie auf Kerne und können dabei eingefangen werden und schwerere Elemente als Eisen bilden. Diese Teilchen fliegen in den Weltraum hinaus und können irgendwann bei der Bildung neuer Sterne verwendet werden. Sie können ausschließlich in Supernovae gebildet werden. Bei der Bildung unseres Sonnensystems muss also eine Supernova mitgewirkt haben, sonst gäbe es die schweren Elemente nicht auf unserer Erde, und uns auch nicht. *We are stardust – wir sind Sternenstaub* heißt es in einem Lied von Joni Mitchel.

Ein paar Worte zum Begriff Supernova. Er kommt natürlich aus dem Lateinischen, novus bedeutet neu. Eine Nova ist ein neuer Stern, und eine Supernova ist eine Nova mit ungeheurer Leuchtkraft und nur selten zu beobachten. Bekannt ist die Supernova, die im Jahr 1572 vom Astronomen Tycho Brahe entdeckt wurde. Sie war heller als alle

Planeten und konnte selbst am Tage mit bloßem Auge beobachtet werden. Sie revolutionierte unser Weltbild. Bis dahin hatte man nach der Lehre von Aristoteles geglaubt, die Himmelskörper seien unveränderlich.

Fusionsreaktoren

Aus der Entstehung der Elemente folgt, dass es zwei Möglichkeiten gibt, Kernenergie zu gewinnen: Indem man leichte Elemente wie H und He vereint, oder indem man schwere, mit größeren Massen als die des Eisens, spaltet. Da wir uns gerade mit der Sonne beschäftigt haben, schauen wir uns zunächst die Möglichkeiten der Fusion an, obwohl es noch keinen funktionierenden Reaktor dieses Typs gibt.

Die Fusion ist einer der Fälle, bei denen man nicht die Natur nachahmen kann, weil die natürlichen Prozesse in ganz anderen Dimensionen stattfinden. Die Sonne besteht aus Myriaden von Protonen und brennt über Milliarden von Jahren. Deswegen ist die extrem langsame Vereinigung von zwei Protonen nach Reaktion (1) für die Sonne die ideale Startreaktion. Zum Betrieb eines Reaktors braucht man aber eine Reaktion, die bei Temperaturen und Drücken, die man technisch herstellen kann, schnell abläuft und deren Ausgangsstoffe in genügenden Mengen vorhanden sind. Der beste Kandidat ist die Reaktion der beiden Wasserstoffisotope Deuterium und Tritium gemäß

$$D^+ + T^+ \rightarrow {}^4He^{++} + n + \text{Energie.} \tag{2}$$

Zwar stoßen auch hier zwei Teilchen mit positiver Ladung zusammen, aber es sind drei Neutronen beteiligt, welche die Abstoßung abschirmen. Zudem wird kein Proton in ein Neutron gewandelt, so dass die schwache Wechselwirkung keine Rolle spielt.

Trotzdem gibt es immense Schwierigkeiten, eine nutzbare Fusion zu erzeugen. Sie beginnen bei den Ausgangsstoffen. Freien Wasserstoff gibt es auf der Erde nur wenig, aber in den Weltmeeren sind Unmengen von Wasserstoff in der Form von Wasser gespeichert, das man durch Elektrolyse aufspalten kann. Allerdings sind nur 0,015 % des Wasserstoffs Deuterium, man muss es also abtrennen. Das alles kostet natürlich Energie, aber da zumindest theoretisch der Energiegewinn bei der Fusion immens ist – Energiedichte $3 \cdot 10^8$ MJ/kg; s. Tafel im Anhang – fällt das nicht ins Gewicht.

Schwieriger ist es mit dem Tritium, es ist radioaktiv mit einer Halbwertzeit von 12,3 Jahren, so dass es keine natürliches Vorkommen auf der Erde gibt. Kleine Mengen werden in der Stratosphäre durch kosmische Strahlung erzeugt, lassen sich aber nicht extrahieren. Es fällt allerdings in manchen Atomkraftwerken als Nebenprodukt an und lässt sich so gewinnen. Das ist allerdings aufwendig und nicht billig; außerdem lässt es sich nicht gut aufbewahren.

Bei der Konstruktion der Wasserstoffbombe, die auf der gleichen Reaktion beruht, stand man vor demselben Problem und löste es auf eine elegante Weise: Man erzeugte das Tritium durch eine Kernreaktion aus dem Isotop ${}^6Li$ des Lithiums,

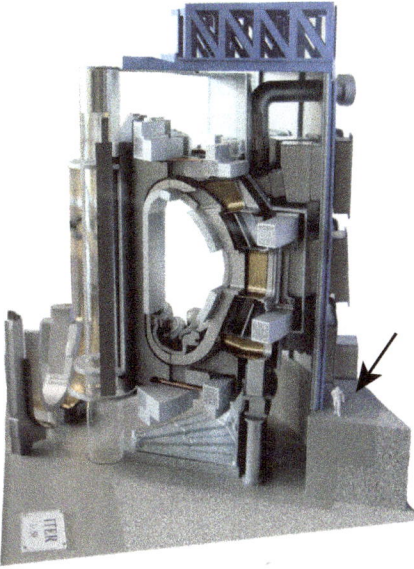

Abb. 40: Sektor des Fusionsreaktors ITER. 18 solcher Sektoren, kreisförmig angeordnet, bilden das Reaktionsgefäß. Der Pfeil zeigt auf die Figur eines Menschen, um die Größenverhältnisse zu illustrieren. Originaldatei: Image:ITER-img 0237.jpg; editiert von Fabien1309. CC https://commons.wikimedia.org/wiki/File:ITER-img_0237_detoure.jpg?uselang=de.

$$^6\text{Li} + \text{n} \rightarrow \ ^4\text{He} + \text{T} + \text{Energie}.$$

Dazu braucht man Neutronen. Bei der Wasserstoffbombe erzeugt man sie durch Zünden einer Atombombe, aber das ist keine Option für einen friedlichen Reaktor. Stattdessen erzeugt man eine kleine Menge aus einem Atomkraftwerk und benutzt diese zum Zünden der Reaktion (2), bei der Neutronen erzeugt werden. Das ^6Li befindet sich in der Wand des Behälters, in dem die Reaktion stattfindet. Dort wird es von Neutronen bombardiert, reagiert zu Tritium, und verdampft ins Reaktionsgefäß.

Wegen der großen Menge an Energie, die bei der Reaktion frei wird, braucht man nur wenige Gramm Deuterium und Tritium, um einen Fusionsreaktor zu betreiben. Da die Fusionskammer mehrere Kubikmeter groß ist (s. Abb. 40), handelt es sich um ein hochverdünntes Gas. Dieses muss freilich auf über 100 Millionen Grad aufgeheizt werden, damit die Reaktion stattfindet – in der Sonne reichen übrigens 15 Millionen Grad, weil die Teilchendichte viel größer ist. Wie erzeugt man solche Temperaturen, und wie schließt man das Reaktionsgemisch ein?

Bei genügend hohen Temperaturen sind Atome nicht mehr stabil. Sie geben ihre Elektronen ab und bilden ein Plasma, ein heißes Gas aus Atomkernen und Elektronen. Da alle Teilchen des Plasmas geladen sind, kann man ihre Bahnen durch ein Magnetfeld beeinflussen. Bei einem Fusionsreaktor wird ein starkes Magnetfeld erzeugt, das so orientiert ist, dass es das Plasma einschließt. Für die Geometrie des Magnetfelds gibt es zwei Konzepte: das in Russland entwickelte Tokamak, und als westliches Gegenstück den Stellerator, der allerdings schwieriger zu konstruieren ist. Die Deuterium- und Tritiumkerne können nicht aus dem Feld entkommen und vor allem nicht gegen die Wand des Reaktors stoßen. Nur bei der Reaktion gebildete Neutronen, die keine Ladung haben, werden vom Magnetfeld nicht beeinflusst und können auf die Wand stoßen. Dort sollen sie nicht nur Tritium erzeugen, sondern ihre Energie abgeben, die sich in Wärme wandelt. Damit kann dann ein normales Wärmekraftwerk betrieben werden. Dazu muss freilich erst einmal die Reaktion ablaufen.

Das Plasma kann durch einen elektrischen Strom aufgeheizt werden, und zusätzlich kann diverse Strahlung verwendet werden. Das Ziel ist, eine fortlaufende Fusion zu induzieren, die sich von selbst in Gang hält und über die ausgestrahlten Neutronen Energie liefert. Wenn die Temperatur hoch genug ist (ca. 150 Millionen Grad) und das Gas dicht genug, dann zündet das Gemisch. Im Idealfall sollte sich die Reaktion selbst am Laufen halten, und die abgestrahlten Neutronen Energie liefern. Aber es ist nicht nur äußerst schwierig, die Zündung zu erzielen, es tun sich noch andere Probleme auf. So muss das Reaktionsgemisch regelmäßig nachgeliefert und die entstehenden ^{4}He abgeführt werden.

Kein Wunder, dass es noch keine funktionierenden Fusionsreaktoren gibt. Immerhin, nach siebzig Jahren Forschung ist das Ziel in Sicht. So wurde im Oktober 2023 in einer Versuchsanlage in England, dem *Joint European Torus*, erstmal eine Energie von 60 MJ erzeugt. Mit dieser Energie kann man eine Badewanne voll Wasser zum Kochen bringen. Die Energie, die man aufwenden musste, war freilich ca. 30–40 Mal größer.

Auch bei einem anderen Problem werden Fortschritte erzielt: Man muss das Plasma ja möglichst lange zusammenhalten. Im koreanischen Reaktor KSTAR hat man kürzlich ein Plasma für 48 s bei einer Temperatur von 100 Millionen Grad einschließen können. Ein weiterer Trippelschritt in Richtung Fusionsreaktor.

Zur Zeit – genauer, seit 2007 – wird ein größerer Forschungsreaktor gebaut, ITER genannt, der nach dem Tokamak-Prinzip funktionieren soll. Er soll 2025 mit den Experimenten beginnen. Ziel ist, dass er so viel Energie liefert, wie er verbraucht. Erst dessen Nachfolger soll dann gegen 2050 erstmals Energie liefern. Allerdings pflegen die Verzögerungen beim Bau von Fusionsreaktoren größer als beim Bahnhofsprojekt Stuttgart 21 zu sein. Immerhin könnten in der zweiten Hälfte dieses Jahrhunderts die ersten Reaktoren ans Netz gehen.

Warum will man die Fusionsreaktoren eigentlich bauen, wenn es so schwierig und auch teuer ist? Wir haben doch schon die herkömmlichen Kernkraftwerke. Der Charme der Fusion liegt darin, dass sie keine radioaktiven Produkte erzeugt. Man muss zwar radioaktives Tritium als Brennstoff verwenden, aber das strahlt nur schwach – die Strahlung dringt nicht mal durch die Haut! Allerdings könnte der permanente Beschuss mit Neutronen die Wände des Reaktors radioaktiv machen. Dies sucht man durch eine geeignete Wahl der Materialien zu vermeiden, und dazu gibt es gute Konzepte. Auf jeden Fall wird man nicht die Mengen radioaktiven Abfalls erzeugen wie in herkömmlichen Kernreaktoren. Auch braucht man keine Endlager für langlebige radioaktive Abfälle.

Was die finanzielle Seite betrifft: Der Bau eines Fusionsreaktors ist in der Tat sehr teuer, aber der Betrieb sollte relativ billig sein. Trotzdem werden sie nicht mit der Photovoltaik konkurrieren können, aber das brauchen sie auch nicht. Sie sollen eine zuverlässige, von Wind und Wetter unabhängige Energiequelle für die Grundversorgung sein.

Wenn ein herkömmlicher Reaktor außer Kontrolle gerät, kann die Temperatur so sehr steigen, dass Brennelemente schmelzen – die sogenannte Kernschmelze. Im schlimmsten Fall kommt es in der Folge zu einer Explosion, bei der das Reaktorgebäude zerstört und Radioaktivität frei gesetzt wird – so geschehen in Tschernobyl 1986. Bei einem Fusionsreaktor ist ein solcher Unfall unmöglich. Es ist immer nur wenig Brennstoff im Reaktor. Außerdem kommt die Reaktion bei den kleinsten Störungen zum Erliegen.

Laser-induzierte Fusion

Abb. 41: Laser zur Erzeugung der Kernfusion am Lawrence Livermore Laboratorium. Urheber: LLNL; https://de.wikipedia.org/wiki/Datei:NOVA_laser.jpg, GNU General Public License.

Neben dem oben skizzierten Konzept mit dem Magneteinschluss gibt es noch ein zweites. Hierbei wird mit superstarken Lasern auf ein kleines Kügelchen des Reaktionsgemischs geschossen, so dass es sich entzündet und für den Bruchteil einer Sekunde Energie liefert (s. Abb. 41). 2022 berichtete das Lawrence Livermore National Laboratory in den USA, auf diese Weise habe es 3,15 MJ an Energie erzeugt, aber nur 2,05 MJ Energie auf das Kügelchen geschossen. Hört sich erst mal vielversprechend an, aber in der Bilanz fehlt die Energie, die zur Erzeugung der Laserstrahlen verbraucht wurde, und die beträgt ein Vielfaches der gewonnenen Energie.

Für wissenschaftliche Zwecke ist die Laser-induzierte Fusion sehr wertvoll, aber für einen praktischen Reaktor taugt sie aber kaum, weil man die Laserpulse ja immer wieder, und mit möglichst hoher Frequenz, auf immer wieder neue Kügelchen schießen müsste.

In den letzten Jahren wurden ca. 50 Start-up Firmen gegründet mit dem Ziel, einen funktionierenden Reaktor schon in den nächsten zehn Jahren zu bauen. Die Konzepte sind sehr unterschiedlich und schwer zu beurteilen, da die Firmen nur wenige technische Einzelheiten preisgeben. Einige setzen auf besonders gestaltete Magnetfelder, andere auf schnell schießende Laser. Es sind schon etliche Milliarden Dollar in diese Projekte geflossen, und ob die sich je auszahlen, steht in den Sternen. Immerhin, vor wenigen Tagen, am 21.12.2024, rechtzeitig zu Weihnachten, kündigte das Unternehmen *Commonwealth Fusion Systems* den Bau eines kommerziellen Kraftwerks an, das Anfang der 2030er Jahre Energie liefern und ans Netz gehen soll. Es soll ebenfalls nach dem Tokamak-Prinzip funktionieren, aber besondere superleitende Materialien für das Magnetfeld verwenden. Dies soll einen besseren Einschluss des Wasserstoffs und ein nur halb so großes Reaktionsgefäß wie beim ITER ermöglichen. Die Firma ist von Professoren des renommierten *Massachusetts Institute of Technology* gegründet, sollte also seriös sein. Andere Start-ups setzen auf Stellarator Brennkammern. Angeblich können diese ein Plasma besser und effektiver zusammenhalten; sie sind allerdings schwerer zu berechnen und zu konstruieren. Es bleibt spannend bei der Entwicklung von Fusionsreaktoren.

Kalte Fusion – Hybris

Ende der 1980er Jahre lebten meine Frau und ich in New York. Jeden Morgen lag die New York Times vor unserer Tür – neben dem Wall Street Journal die einzige seriöse Zeitung an der Ostküste. Als ich sie an einem kalten Märzmorgen des Jahres 1989 hereinholte und entfaltete, prangte in der Mitte der ersten Seite ein Foto zweier Kollegen, Martin Fleischmann (s. Abb. 42) und Stanley Pons, die angespannt auf ein kleines Glasgefäß starrten. Daneben stand etwas wie *Kernfusion im Reagenzglas* und *unerschöpfliche Energie aus schwerem Wasser?*

Das Metall Palladium kann große Mengen an Wasserstoff speichern; am einfachsten geht das, indem man Palladium als Elektrode benutzt und daran Wasserstoff aus Wasser entwickelt. Ein Teil der dabei entstehenden Wasserstoffatome wird dann im Palladium gespeichert. Je größer die angelegte Spannung zwischen dem Palladium und der Gegenelektrode, desto größer die Konzentration des eingelagerten Wasserstoffs. Pons und Fleischmann (P&F) führten ihre Experimente mit deuteriertem (oder schwerem) Wasser durch, so dass Deuterium eingelagert wurde. Sie argumentierten, die Konzentration an Deuterium im Palladium könne so hoch werden, dass Kernreaktionen einsetzten; man müsse nur eine genügend hohe Spannung anlegen. Als mögliche Kernprozesse schlugen sie

$$D + D \rightarrow T + H$$

oder

$$D + D \rightarrow {}^3\text{He} + n$$

vor. In beiden Fällen würde viel Energie freigesetzt. Mit normalem Wasserstoff kann das nicht funktionieren, da die Fusion von H + H extrem unwahrscheinlich ist, wie wir oben gesehen haben. P&F konzentrierten sich zunächst auf die Wärme. Sie maßen die elektrische Energie, die in die Zelle floss, und die Wärme, die erzeugt wurde, und siehe da, die erzeugte Wärmeenergie war stets größer als die eingespeiste Energie, und je größer die Elektrode, desto größer der Energiegewinn. Sie beobachteten Energiegewinne bis zu einem Faktor zehn!

Neben der Energie werden ja auch Tritium und Neutronen erzeugt. Letztere sollten mit normalem Wasserstoff reagieren gemäß

$$n + H \rightarrow D + \gamma.$$

Dabei steht γ für γ-Strahlen, das sind hochenergetische Röntgenzahlen. P&F beobachteten tatsächlich γ-Strahlen und maßen ihre Energieverteilung. Dabei fiel ihnen auf, dass die Gesamtmenge der Strahlung etwa 7–10 Zehnerpotenzen kleiner war, als sie nach dem Energiegewinn sein sollte. Dies zeigte, dass etwas Fundamentales nicht stimmte, denn Fusion ohne Strahlung gibt es nicht. Andererseits: Wäre die Strahlung so hoch gewesen, wie sie hätte sein sollen, wären P&F gegrillt worden und hätten auf dem Foto nicht so gesund aussehen können. Einer der Haupteinwände gegen die Arbeit, den ich in den nächsten Tagen hörte, war: ‚Die beiden hätten zumindest ein paar strahlenverseuchte Doktoranden vorzeigen müssen.‘

Ich war damals Gastwissenschaftler an der University of New York at Stony Brook und fuhr noch am selben Morgen zum Institut für Chemie. In meinem Postfach lag ein Fax mit der Publikation von P&F. Auf den Fluren standen Kollegen, die dasselbe Fax erhalten hatten und diskutierten. Ich gesellte mich zu einer Gruppe, die sich um einen Kernchemiker geschart hatte. Der zeigte die Energieverteilung der γ-Strahlen, die P&F gemessen hatten, und erklärte, warum sie völlig falsch war. Außerdem: Warum hatten sie keine größeren Mengen Tritium gefunden?

In den nächsten Wochen stürzten sich alle, die ein Stück Palladium, etwas schweres Wasser und ein Glasgefäß auftreiben konnten, auf die kalte Fusion, wie der Prozess getauft wurde. Es entstand ein Glaubenskrieg zwischen den Chemikern, die gerne an die kalte Fusion glauben wollten, und den Physikern, die sie für unmöglich hielten – wenn sie existierte, wäre sie natürlich von Physikern entdeckt worden und nicht von Chemikern, die kaum das englische Wort *nucleus* für Kern, gesprochen *njucleus*, richtig aussprechen konnten. In Utah wurde ein Nationales Institut für kalte Fusion gegründet. Ich war gerade auf Stellensuche, und der Direktor bot mir eine Stelle an. Glücklicherweise erhielt ich rechtzeitig ein Angebot für eine Professur an einer Universität, sonst hätte ich meinen Ruf für immer ruiniert.

Abb. 42: Martin Fleischmann.

Fast alle Experimente waren negativ. Einige wenige Gruppen fanden einen Überschuss an Wärme, eine Gruppe fand erhebliche Mengen an Tritium, und eine weitere Gruppe maß eine Strahlung von Neutronen. Berühmt wurde ein Experiment, das ein Wissenschaftler vor dem Kongress der USA vorführte: Er präsentierte zwei identische elektrochemische Zellen, füllte eine mit einer Lösung aus schwerem Wasser und die andere mit normalem Wasser, und schickte dieselbe Strommenge durch beide Zellen. Die Zelle mit schwerem Wasser wurde deutlich wärmer.

Nach ein paar Monaten war der Spuk vorüber: Das Tritium war wohl von einem gelangweilten Doktoranden in die Zelle gegeben worden und trat nie wieder auf. Die angeblichen Neutronen waren durch einen Detektor angezeigt worden, der nur bei tiefen Temperaturen, nicht aber bei Zimmertemperatur funktionierte. Die Zelle mit schwerem Wasser wurde heißer, weil die Lösung mit schwerem Wasser einen höheren elektrischen Widerstand hatte als jene mit normalem Wasser. Über die erzeugte Wärme stritt man sich weiter; aber ein Wärmefluss ist schwer zu messen, und angebliche positive Funde wurden mit großer Skepsis betrachtet. Das Nationale Institut für kalte Fusion machte pleite. P&F zogen sich in ein Forschungsinstitut in Südfrankreich zurück, das Toyota ihnen finanzierte.

Fast alle Wissenschaftler, die sich auf die kalte Fusion gestürzt hatten, zogen sich auf ihr angestammtes Forschungsfeld zurück. Aber ein kleiner, stetig schwindender Kern machte weiter, hielt Tagungen zur kalten Fusion ab, und gelegentlich publizierten sie positive Befunde. Wenn man auf Tagungen des Abends mit einem älteren Kollegen bei einem Glas Bier oder Wein sitzt, kann es einem durchaus passieren, das der Kollege eine Geschichte folgender Art erzählt:

In der heißen Zeit der kalten Fusion hatten wir natürlich auch ein Experiment im Keller laufen, bei dem wir Wasserstoff an Palladium aus schwerem Wasser entwickelten. Wir ließen automatisch die Temperatur und etwaige Strahlung aufzeichnen und schauten immer mal wieder nach, ob etwas Ungewöhnliches passierte. Tagelang passierte nichts, aber eines Nachts sprang die Temperatur auf 70 °C, und die Zähler zeigten Neutronen und γ-Strahlen an. Der ganze Spuk dauerte zehn Minuten, dann war er vorüber und kam nie wieder.

Wenn man solche Geschichten hört, ist es Zeit, eine weitere Flasche Wein zu bestellen, oder auch etwas Höherprozentiges.

Ein paar Worte zu den beiden Protagonisten. Martin Fleischmann hatte einen ausgezeichneten Ruf als Elektrochemiker. Eine seiner größten Leistungen war die Begründung der Ramanspektroskopie an Oberflächen – oder des oberflächenverstärkten Ramaneffekts, wie man später sagte. Dabei handelt es sich um folgendes: Wenn Chemiker Prozesse oder Strukturen untersuchen, wüssten sie natürlich gerne, um welche Moleküle es sich handelt. Dazu dient die Spektroskopie; sie beruht drauf, dass Moleküle bei bestimmten Wellenlängen Licht ausstrahlen oder absorbieren, womit man sie identifizieren kann; diese Signale nennt man Spektrum. Eine Variante ist die Ramanspektroskopie, aber sie beruht auf einem schwachen Effekt zweiter Ordnung. Sie liefert deswegen nur schwache Signale, die man lange für den Effekt von Verunreinigungen hielt, bis der Inder V. Raman bemerkte, dass die schwachen Linien das Spektrum von Molekülen waren.

Natürlich hätte man in der Elektrochemie gerne eine Spektroskopie, mit der man Moleküle auf einer Elektrodenoberfläche nachweisen kann. Aber auf einer Oberfläche sind viel weniger Moleküle als in einem Flüssigkeitsvolumen, so dass die Ramanspektroskopie völlig ungeeignet erschien. Eine leicht durchzuführende Abschätzung ergab, dass man Monate bis Jahre bräuchte, um ein auswertbares Signal zu erhalten.

Mit solchen Überlegungen hielten sich Fleischmann und seine Mitarbeiter nicht auf. Sie nahmen eine stark aufgeraute Silberelektrode und adsorbierten einen Stoff, Pyridin, der schöne Spektren lieferte, wenn er in großen Mengen vorlag. In der Tat beobachteten sie ein Ramanspektrum, welches sich zudem systematisch mit dem Potential der Elektrode änderte. Die elektrochemische Ramanspektroskopie war geboren!

Natürlich stürzten sich andere Wissenschaftler auf die Ergebnisse und wiederholten sie: Mit Erfolg, die Experimente waren richtig. Aber beim Nachrechnen stellte man fest: Eigentlich durfte man gar kein Signal sehen, es müsste viel zu schwach sein. Offenbar gab es einen bislang unbekannten Effekt, der das Signal verstärkte. Man taufte das ganze *oberflächenverstärkter Ramaneffekt*; seine Grundlagen werden immer noch theoretisch untersucht.

Vielleicht hat dieses pure Glück bei der Entdeckung der elektrochemischen Raman-spektroskopie Fleischmann ermutigt, mit der kalten Fusion ein zweites Mal die Götter der Wissenschaft herauszufordern. Aber das war dann wohl Hybris.

Während ich Fleischmann oft auf Tagungen traf, bin ich Stanley Pons nur einmal begegnet. Er kam erst spät zur Wissenschaft und promovierte mit 35 Jahren. Ihm ging ein guter Ruf voraus, und so war ich gespannt auf seinen Vortrag. Ich war nicht beeindruckt. Er sprach mit der Aura eines schlauen Primaners, oder besser, des Vorzeigeschülers einer Mormonen-Sonntagsschule – im Gegensatz zu Fleischmann, der sehr von sich überzeugt war und versuchte, sich mit einem Hauch von Genie zu umgeben.

Pons und Fleischmann waren nicht die ersten, die Kernfusion in Palladiumelektro-den erzeugen wollten. In den 1920er Jahren hatten Friedrich Paneth und Kurt Peters über die Erzeugung von Helium berichtet, aber ihre Arbeit später zurückgezogen. Das Helium war einfach als Spurenelement aus der Luft gekommen. Dieselbe Idee verfolgte der Schwede John Tandberg, der sogar ein Patent dafür beantragte, natürlich vergeblich. Merkwürdigerweise gaben P&F an, keine Kenntnis von den früheren Arbeiten gehabt zu haben. Es gibt übrigens wirklich ein kalte Fusion, die aber durch andere Elemen-tarteilchen, durch Muonen, induziert wird. Sie lässt sich nicht zur Energiegewinnung ausnutzen. Einzelheiten würden zu weit führen.

Kernspaltung

Natürliche Radioaktivität

Die friedliche Nutzung der Kernfusion ist seit über sechzig Jahren ein Traum, ein Ziel, dem wir uns langsam nähern. Manche meinen, wir werden es nie erreichen, weil sich nach jedem Fortschritt immer neue Schwierigkeiten auftun. Reaktoren, die auf dem entgegengesetzten Prozess, der Kernspaltung beruhen, gibt es schon seit sechzig Jahren. Zur Zeit gibt es über 400 solcher Kernkraftwerke auf der Welt. Sie sind politisch umstritten: Manche Länder schalten ihre Reaktoren ab, andere planen neue (s. Abb. 43). Wir kümmern uns hier nicht um die Politik, sondern um die naturwissenschaftlichen Grundlagen.

Abb. 43: Modularer Kernreaktor im Einsatz.

Im Abschnitt über die Entstehung der Elemente haben wir gesehen, dass man zur Erzeugung von Kernen, die schwerer sind als Eisen, Energie benötigt. Ein Blick auf das Periodensystem der Elemente zeigt, dass es ziemlich viele davon gibt. Im Prinzip sind sie instabil und könnten unter Freisetzung von Energie zerfallen. Die meisten Elemente tun dies aber nicht; so sind Kerne von Wolfram und Blei äußerst stabil. Sie sind in einem metastabilem Zustand, wie ein Ball, der in einem Krater liegt und nicht hinaus kann. So ein metastabiler Zustand war uns ja schon beim Diamanten begegnet, der nicht zum energetisch günstigeren Graphit zerfällt.

Ein metastabiler Zustand liegt in einem lokalen Energieminimum, in einem Krater. Wenn der Krater nicht zu tief und die Wände nicht zu dick sind, kann ein quantenmechanisches System aus dem Krater hinaus tunneln (s. Abb. 44). Es braucht dazu nicht die Energie aufzuwenden, die es bräuchte, um über den Kraterrand zu entweichen. Die Wahrscheinlichkeit dafür ist in den meisten Kernen gering, und deswegen sind die

https://doi.org/10.1515/9783111712932-013

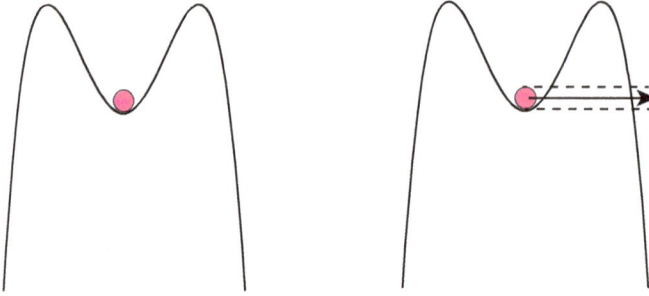

Abb. 44: Links: Metastabiler Zustand. Rechts: Tunneln.

meisten natürlich vorkommenden Kerne ja auch stabil. Aber andere können mit einer gewissen Wahrscheinlichkeit zerfallen, sie sind radioaktiv. Bei den natürlich vorkommenden Elementen ist diese Wahrscheinlichkeit winzig, andernfalls wären sie schon längst zerfallen. Unser Sonnensystem ist etwa 4,6 Milliarden Jahre alt. Die sogenannten primordialen Elemente, also diejenigen, die schon bei der Entstehung der Erde existierten, hatten also sehr viel Zeit zu zerfallen, so dass nur die langlebigsten überlebten. Die Lebensdauer wird durch die Halbwertszeit charakterisiert, also die Zeit, in der die Hälfte der Atome zerfallen. Wenn die Halbwertszeit viel kürzer ist als das Alter der Erde, sind von den ursprünglichen primordialen Kerne fast alle zerfallen.

Ein bekanntes und wichtiges radioaktives Metall ist das Uran. Der Kern hat 92 Protonen, also eine positive Ladung von 92. Es gibt verschiedene Isotope mit unterschiedlichen Zahlen von Neutronen. Das häufigste Isotop hat 146 Neutronen, insgesamt also die atomare Masse von 238, und es schreibt sich ^{238}U. Es hat eine Halbwertszeit von 4,5 Milliarden Jahren, was etwa dem Alter der Erde entspricht. Von der ursprünglichen Menge sind also noch rund 50 % vorhanden, und das ist ziemlich viel: Es ist etwa vierzig Mal häufiger als Silber, kommt in der Natur aber nie rein, sondern in Verbindungen vor; bekannt ist die Pechblende, die im Wesentlichen ein Oxid von Uran ist. Ein zweites wichtiges Isotop ist das ^{235}U, mit einer Halbwertszeit von 704 Millionen Jahren. Von der ursprünglichen Menge sind nur noch rund 1 % übrig, so dass von dem vorhandenem Uran rund 99,3 % ^{238}U ist und der Rest ^{235}U – der Beitrag aller anderen Isotope ist verschwindend gering.

Bevor wir uns dem Uran zuwenden, erwähnen wir noch zwei andere primordiale Isotope: das Thorium ^{232}Th mit einer Halbwertszeit von 14 Milliarden Jahren, und das Kalium ^{40}K mit 1,25 Milliarden Jahren. Zusammen mit ^{238}U produziert ihr Zerfall einen großen Teil der Wärme im Erdinnern. Thorium ist auch für Kernreaktoren interessant; wir kommen darauf zurück.

Nukleare Kettenreaktion

Bei jedem Zerfall eines schweren Kerns wird Energie frei (s. Erzeugung der Erdwärme). Aber für ein Kraftwerk (s. Abb. 45) braucht man eine stetige Energiegewinnung, am besten eine Kettenreaktion. Es gibt nur wenige Kandidaten, und der bekannteste Kandidat ist das Isotop ^{235}U. Wenn ein ^{235}U Kern mit einem Neutron beschossen wird, kann er zerfallen, normalerweise in zwei große Bruchstücke und zwei oder drei Neutronen. Diese Neutronen können wieder auf einen ^{235}U Kern stoßen und ihn spalten, wobei wiederum Neutronen freiwerden, und so weiter (s. Abb. 46). Die Spaltprodukte haben eine hohe Energie, die sie an die Umgebung abgeben. Damit es zu einer Kettenreaktion kommt, müssen aber noch zwei Bedingungen erfüllt sein. Erstens: ^{235}U Kerne können nur von langsamen Neutronen effektiv gespalten werden. Diese werden zunächst absorbiert, der Kern wird instabil, zerbricht, und sendet dabei weitere Neutronen aus. Diese sind aber zu schnell und müssen daher durch einen sogenannten Moderator abgebremst werden. Dieser besteht aus einem Material wie Graphit oder Wasser, das Neutronen abbremst, aber nicht absorbiert. Zweitens: Wenn zu wenig spaltbare Kerne vorhanden sind, fliegen die meisten Neutronen aus der Anlage heraus, ohne eine weitere Spaltung zu erzeugen. Für eine konstante Energieerzeugung braucht man deshalb eine kritische Masse, bei der jeder Zerfall eines Kerns genau einen weiteren auslöst. Bei einer zu kleinen, einer unterkritischen Masse, hört die Kettenreaktion schnell auf, und bei einer überkritischen Masse wächst die Anzahl der Zerfälle lawinenartig an und es kommt zu einer Explosion.

Abb. 45: Atomkraftwerk Grundremmingen, idyllisch an der Donau gelegen, mittlerweile abgeschaltet. Man sieht die beiden Kühltürme.

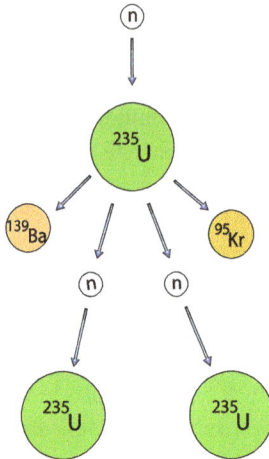

Abb. 46: Nukleare Kettenreaktion.

Die Größe der kritischen Masse hängt von ihrer Geometrie ab. Bei einer kugelförmigen Masse ist die Wahrscheinlichkeit am größten, dass ein Neutron auf einen reaktiven Kern trifft, und bei einer flachen, pfützenartigen Masse ist die Wahrscheinlichkeit am kleinsten. Man kann das bei einer sogenannten Kernschmelze benutzen, bei der die Reaktion unkontrolliert explodiert, um die Reaktion zum Erliegen zu bringen.

Ein Reaktor, der zur Energieerzeugung dient, muss permanent im kritischen Zustand gehalten werden. Dazu wird ein ausgeklügeltes System von Steuerstäben und Kühlmitteln verwendet, die bei den verschiedenen Reaktortypen unterschiedlich konstruiert sind. Für die Steuerstäbe wird oft Bor oder Kadmium verwendet. Dies sind beides Materialien, die Neutronen verschlucken. Zum Kühlen wird Wasser oder auch flüssiges Natrium verwendet. Das Kühlmittel transportiert die entstehende Wärme ab, die dann in Turbinen zur Stromerzeugung genutzt wird.

Die Steuerung der Reaktion ist natürlich extrem wichtig. Der Reaktor muss in einem stationären Zustand gehalten werden. Wird der Neutronenfluss zu niedrig, kommt die Kettenreaktion zum Erliegen, und wird er zu hoch, kann der Reaktorkern explodieren. Moderne Reaktoren (z. B. der CANDU Reaktor in Abb. 47) haben einen negativen Temperaturgradienten: Steigt die Temperatur im Reaktorkern an, so verringert sich der Neutronenfluss, und das Risiko einer Explosion nimmt ab. Zusätzlich gib es stets mehrere Sicherheitskreisläufe zum Kühlen und zum Herunterfahren des Reaktors.

Wie wir oben schon diskutiert haben, muss genügend ^{235}U im Reaktor sein, damit eine Kettenreaktion stattfinden kann. Natürliches Uran enthält aber weniger als 1 % ^{235}U, weshalb es für die meisten Reaktortypen angereichert werden muss. Dazu muss man das seltene ^{235}U von dem dominanten ^{238}U trennen. Chemisch verhalten sich die Isotope völlig gleich. Deshalb braucht man physikalische Verfahren, die auf der unterschiedlichen Masse beruhen. Das gängige Verfahren sind heutzutage Ultrazentrifugen. Dies

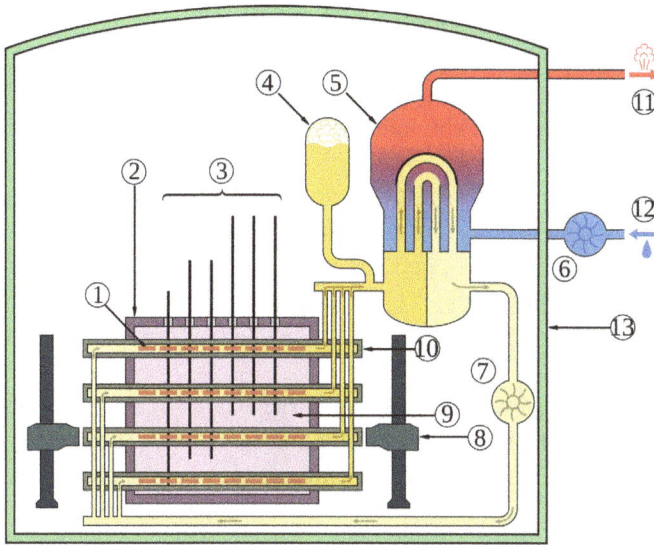

Abb. 47: In Kanada entwickelter Kernreaktor CANDU. Er benutzt schweres Wasser als Moderator und leichtes Wasser zum Kühlen. Legende: 1. Kernbrennstoff; 2. Reaktorkern, 3. Steuerstäbe, 4. Druckausgleich, 5. Dampfgenerator, 6. Pumpe für leichtes Wasser, 7. Pumpe für schweres Wasser, 8. Ladevorrichtung für Brennstoff, 9. schweres Wasser als Moderator, 10. Druckleitungen, 11. Wasserdampf zum Stromerzeugen, 12. kondensiertes Wasser, 13. Sicherheitsbehälter. Urheber: Inductiveload, Creative-Commons-Lizenz, https://commons.wikimedia.org/wiki/File:CANDU_Reactor_Schematic.svg?uselang=de.

sind Röhren mit Durchmessern von einigen Zentimetern, die mit Geschwindigkeiten von etwa 80000 Umdrehungen pro Minute rotieren. Sie werden mit einer gasförmigen Verbindung von Uran gefüllt. Auf Grund seiner etwas größeren Masse reichert sich das ^{238}U an der Wand der Zentrifugen an. Der Effekt ist aber klein, und man man muss viele Zentrifugen hintereinander schalten, um die gewünschte Anreicherung von ^{235}U zu erzielen. Je nach Reaktortyp reicht eine Anreicherung von einigen Prozent aus. Für Kernwaffen ist eine wesentlich höhere Anreicherung von ca. 80 % erforderlich. Bei der Entwicklung der Atombombe in den 1940er Jahren war die Technik der Zentrifugen übrigens noch nicht ausgereift. Man benutzte stattdessen Gasdiffusionsanlagen, die darauf beruhen, dass das schwerere Isotop etwas langsamer diffundiert. Sie sind allerdings weniger effektiv.

Es ist äußerst mühsam, ^{235}U anzureichern, so dass man sich schon bei der Entwicklung der Atombombe nach Alternativen umsah. Plutonium ist das Element mit der höchsten Ladung, das natürlich auf der Erde vorkommt, allerdings in winzigen, kaum nachweisbaren Mengen. Es hat 22 Isotope, die alle radioaktiv sind. Das stabilste ist ^{244}Pu mit einer Halbwertzeit von ca. 80 Millionen Jahren. Interessant für die Kerntechnik ist ^{239}Pu mit einer Halbwertzeit von ca. 24110 Jahren. Wenn ein Reaktor mit einen Isotopengemisch betrieben wird, das ^{238}U enthält, entsteht es aus der Reaktion

$$^{238}\text{U} + \text{n} \rightarrow {}^{239}\text{U} \xrightarrow{23,5\ \text{min}} {}^{239}\text{Np} \xrightarrow{2,36d} {}^{239}\text{Pu}.$$

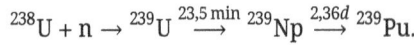

In Worten: ein ^{238}U, das bei weiten häufigste Isotop, fängt ein Neutron ein und verwandelt sich in ein ^{239}U. Dies ist nicht stabil und zerfällt mit eine Halbwertzeit von 23,5 Minuten zu Neptunium, ^{238}Np. Diese Art von Zerfall, bei dem ein Elektron und ein Antineutrino ausgestrahlt wird, ist als β-Zerfall bekannt. Er beruht auf der schwachen Wechselwirkung, die wir ja schon beim Zerfall eines Neutrons kennen gelernt hatten, so dass der Zerfall relativ langsam ist. Das Neptunium wiederum zerfällt innerhalb weniger Tage zu ^{239}Pu. Dieses kann, ähnlich wie ^{235}U, von langsamen Neutronen gespalten werden und erzeugt dabei mehrere Neutronen, so dass eine Kettenreaktion ausgelöst werden kann.

Von den zwei Bomben, die am Ende des Zweiten Weltkriegs über Japan abgeworfen wurden, benutzte eine ^{235}U und die andere ^{239}Pu. Bei der Erzeugung von ^{239}Pu in einem Reaktor entsteht auch immer das Isotop ^{240}Pu durch Einfang eines weiteren Neutrons. Dieses zerfällt schnell unter Abstrahlung weiterer Neutronen. Für den Betrieb eines Reaktors ist dies kein Problem, wohl aber für eine Plutoniumbombe: Der spontane Zerfall kann eine frühe Kettenreaktion auslösen, eine zu frühe, ungewollte Zündung. Plutonium wird klassifiziert nach dem Gehalt von ^{240}Pu. Waffenfähiges Plutonium, das man in Bomben benutzen kann, hat einen ^{240}Pu Gehalt von weniger als 7 %. Die kritische Masse von ^{239}Pu ist viel kleiner als die von ^{235}U; je nach Anordnung reichen schon 5–6 kg. Deshalb wird bei den Kontrollen des Atomwaffensperrvertrages zumindest theoretisch die Produktion von Plutonium kontrolliert.

Die meisten Reaktoren auf der Welt sind Leichtwasserreaktoren, die normales Wasser als Moderator und zum Kühlen benutzen. Wenn die Brennstäbe dieser Reaktoren nach einigen Jahren ausgebrannt sind, also die Konzentration von ^{235}U zu gering geworden ist, enthalten sie aber überwiegend Uran, größtenteils ^{238}U, sowie ca. 1 % Plutonium und Spaltprodukte. Bei der Wiederaufarbeitung des Brennstoffs wird er in wiederverwertbare Anteile, die man wieder in Reaktoren verwenden kann, und in hoch-, mittel-, und schwachradioaktiven Abfall getrennt. Die Uran und Plutoniumanteile werden zu einem Mischoxid, kurz MOX genannt, verarbeitet und können wieder in Reaktoren verwendet werden. So wird wertvoller Brennstoff wiederverwendet, und zudem gibt es weniger stark radioaktiven Abfall.

Auf dem Papier sieht das Konzept der Wiederaufbereitung attraktiv aus, in der Praxis ist es jedoch umstritten. Das übliche Verfahren zur Aufarbeitung, PUREX genannt, ist aufwendig und teuer. Zudem kann waffenfähiges Plutonium erzeugt und in Bomben verwendet werden. Die Anlagen geben radioaktive Stoffe an die Umwelt ab, besonders die britische Anlage Sellafield (früher Windscale) ist für die Kontamination der Irischen See berüchtigt. In den 1980er Jahren sollte in Wackersdorf in der Oberpfalz eine Wiederaufarbeitungsanlage gebaut werden, was zu heftigen Protesten, Schlachten zwischen Kernkraftgegnern und der Polizei, Gutachten und Gegengutachten, und Tausenden von Einsprüchen führte. Schließlich wurde der Bau gestoppt, teils wegen der Proteste, und teils, weil die Aufbereitung in der französischen Anlage Le Hague wirtschaftlicher ist.

Es wird an neuen Konzepten zur Wiederaufbereitung gearbeitet, die teils in Planung, teils im Test, und teils schon aktiv sind. So können z. B. die metallischen Bestandteile Uran und Plutonium durch Elektrolyse abgeschieden werden. Aber die Umsetzung solcher Konzepte dauert Jahre, wenn nicht Jahrzehnte, und die Urteile über ihren Wert sind kontrovers.

Thoriumreaktoren

Die üblichen Brennstoffe für Reaktoren sind ^{235}U oder ^{239}Pu, das aus ^{238}U erbrütet wurde. Es gibt aber noch eine Alternative: Das Element **Thorium** ist etwa dreimal häufiger als Uran. Man findet es ausschließlich als ^{232}Th mit einer Halbwertszeit von $1{,}4 \cdot 10^{10}$ Jahren. Aus ihm lässt sich durch Neutronenbeschuss das ^{233}U brüten, das sich ähnlich spalten lässt wie das ^{235}U. Erste Experimente mit Thorium-basierten Reaktoren wurden nicht fortgeführt, weil man mit ^{235}U und ^{239}Pu schon eine erprobte Reaktortechnik hatte und kein Mangel an Uran herrschte. Im letzten Jahrzehnt sind Thoriumreaktoren wieder aktuell geworden. Besonders Länder, die große Thoriumvorkommen besitzen, wie Indien und China, entwickeln die Technologie weiter.

Theoretisch haben Thoriumreaktoren einige Vorteile gegenüber der Uran und Plutoniumtechnologie. So ist Thorium wesentlich häufiger und produziert viel weniger langlebigen radioaktiven Abfall. Nach vertrauenswürdigen Schätzungen sollte der Abfall nach einigen Hundert Jahren abgeklungen sein. Zum Vergleich: Abfall aus Uran-Plutoniumreaktoren muss bis zu Millionen von Jahren sicher gespeichert werden. Auch eignet sich Thorium kaum für die Herstellung von Atomwaffen. Im Gegenteil, vorhandenes Plutonium aus alten Waffenbeständen könnte verwendet werden, um die Umwandlung von Thorium in ^{233}U zu starten. Nach einer Anfangsphase sollte das erbrütete ^{233}U die weitere Umwandlung von selbst in Gang halten. Allerdings gibt es bisher wenig Erfahrung mit Thoriumreaktoren, und man braucht weitere Forschung und Entwicklung zum Bau von kommerziellen Reaktoren. In China und Indien, zwei Ländern mit großen Thoriumvorkommen, sind gerade die ersten Reaktoren in Betrieb genommen worden. Sie benutzen übrigens flüssiges Salz von Thorium als Brennstoff. Eine Kernschmelze kann nicht stattfinden, denn der Brennstoff ist ja schon flüssig. Wird der Reaktor zu heiß, zieht man, simpel ausgedrückt, unten einen Stopfen heraus und lässt das Salz in ein großes Abklingbecken auslaufen. Über ein anderes, ganz neues Konzept werde ich später berichten.

Modulare Reaktoren

Die langen Konstruktionszeiten von Atomkraftwerken sind generell ein Problem. So dauerte die Konstruktion des letzten großen französischen Reaktors 25 Jahre. Als Reaktion darauf entstand das Konzept eines **modularen Reaktors**, eines kleinen Reaktors, der weitgehend aus vorgefertigten Teilen zusammengebaut wird – eine Art Fertighaus der Reaktortechnik. Es gibt etwa 60 Start-up Firmen mit unterschiedlichen Konzepten, die teils auf alten und teils auf neuen Ideen beruhen. Ein Beispiel ist die Firma TerraPower, an der unter anderem Bill Gates beteiligt ist. Der Reaktor soll gleichzeitig verbrauchten Brennstoff aufbereiten und wieder verwenden, so dass er jahrzehntelang laufen kann, ohne dass man Brennstoff nachfüllen muss. Als Kühlmittel wird flüssiges Natrium verwendet, was hohe Betriebstemperaturen erlaubt – Natrium schmilzt bei 97,7 °C und verdampft bei 883 °C. Die vom Reaktor erzeugte Wärme soll in einem Tank mit geschmolzenem Salz gespeichert werden. Dies erlaubt es, flexibel auf den Bedarf zu reagieren: Bei großer Nachfrage leert man den Speicher, und man füllt ihn wieder auf, wenn die Nachfrage sinkt. Geschätzte Bauzeit: 6 Jahre; Kosten: ca. 4 Milliarden US Dollar.

Hört sich erst mal gut an, aber alle diese Start-ups brauchen Geld und stellen ihre Pläne im besten Licht dar. Es gibt auch gegenteilige Gutachten, die besagen, die modularen Reaktoren seien teurer als die konventionellen, wenn man die Kosten auf die produzierte Energie bezieht, und zudem seien sie weniger sicher.

Insgesamt ist die finanzielle Seite sowohl bei der Fusion als auch bei der Kernspaltung schwer zu beurteilen. Generell sind die Konstruktionskosten hoch. Bei den Kernspaltungsreaktoren sind die Betriebskosten vergleichsweise niedrig. Mit Windkraft und Photovoltaik werden wohl auch die neuen modularen Reaktoren preislich nicht konkurrieren können. Aber das ist ja auch nicht ihr Zweck. Sie sollen eine sichere, erschwingliche, und zuverlässige Energie liefern. Aus diesem Grund investieren Firmen, die große Rechenzentren für Datenauswertung und künstliche Intelligenz betreiben, gezielt in Kernenergie. Jedenfalls gibt es eine Vielzahl neuer Konzepte auf diesem Gebiet, und es wird sich zeigen, ob nützliche darunter sind, die sich durchsetzen werden.

Transmutation

Normalerweise werden Kernkraftwerke im kritischen Bereich betrieben: Jedes Neutron, das einen Kern spaltet, soll mehrere Neutronen erzeugen, von denen genau eins reagiert und eine neue Spaltung auslöst. Werden weniger produziert, kommt die Kettenreaktion zum Erliegen, und werden mehr produziert, kann die Reaktion unkontrollierbar werden und zur Explosion führen. In konventionellen Reaktoren hält ein kompliziertes System von Moderatoren und Kontrollstäben die Reaktion kritisch.

Ein alternatives Konzept sieht vor, die Reaktion selbst immer leicht unterkritisch zu halten und weitere Neutronen von außen in den Reaktor zu schießen, um die Reaktion am Laufen zu halten. Wenn die Reaktion aus dem Ruder zu laufen droht, schaltet man den Neutronenstrom ab, und die Reaktion erlischt. Die Neutronen selbst werden in zwei Stufen produziert: Zunächst wird mit einem Teilchenbeschleuniger ein Strahl von hochenergetischen Protonen erzeugt, der im zweiten Schritt auf leichtere Atome trifft und dabei Neutronen freisetzt. Im Notfall lässt sich der Protonenstrahl sehr schnell ausschalten.

Dieses System ist vielseitig einsetzbar. So kann man mit ihm einen Thoriumreaktor betreiben, man kann damit aber auch Atommüll umwandeln (s. Programm der Firma Transmutex, www.transmutex.com). Der gefährliche Teil des Mülls sind schwere Kerne, sogenannte Transurane, die hunderttausende von Jahren aktiv bleiben und sicher endgelagert werden müssen. Der Neutronenstrom spaltet diese Kerne in kleinere Fragmente mit einer kürzeren Halbwertszeit, die nach einigen Hundert Jahren nicht mehr gefährlich sind. Der Bau eines Endlagers wäre also viel weniger aufwendig. Wenn es genügend solcher Anlagen gäbe, könnte man den gefährlichen Atommüll abbauen, der zur Zeit in Zwischenlagern liegt. Dabei entstehen auch radioaktive Kerne, die in der Medizin genutzt werden, z. B. in der Krebstherapie, und natürlich produzieren die Reaktoren Wärme zur Stromerzeugung. Zumindest auf dem Papier ein bestechendes Konzept.

In Belgien wird im Rahmen des Projektes MYRRHA an einem solchen Reaktor gebaut. Wie bei öffentlich finanzierten Projekten üblich, sind Bauzeiten von Jahrzehnten geplant. Schneller soll es bei dem Schweizer Unternehmen Transmutex zugehen, das sich allerdings auch nicht auf einen festen Zeitplan festlegen lässt. Die USA setzen bei der Entsorgung ausgebrannter Brennstäbe auf Transmutation; eine Endlagerung wäre mit ca. 100 Milliarden Dollar zu teuer.

Sicherheit von Kernreaktoren

Dies wäre natürlich ein Thema für ein eigenes Buch. Ich versuche daher erst gar nicht, das Thema abzuhandeln, sonder möchte nur ein paar Punkte aufgreifen, von denen einige mich selbst überraschten. Wenn Sie am Ende dieses Abschnitts verwirrt sind und weder Politikern noch der Presse bei diesem Thema trauen, dann habe ich mein Ziel erreicht.

Klären wir erst mal, was der mögliche Auslöser eines katastrophalen Unfalls, eine sogenannte Kernschmelze ist. Die radioaktiven Zerfallsprozesse in den Brennelementen erzeugen Wärme, die vom Kühlsystem abtransportiert und schließlich zur Stromerzeugung benutzt wird. Selbst wenn der Reaktor ausgeschaltet wird, laufen im Innern immer noch Zerfallsprozesse ab, die Wärme produzieren (sogenannte Nachzerfallswärme). Wenn die Wärme nicht schnell genug abtransportiert wird, heizen sich die Brennelemente auf und können schließlich schmelzen. Das passiert, wenn das Kühlsystem ausfällt, z. B. wegen eines Lecks oder weil der Strom für die Zirkulation ausfällt. Moderne Reaktoren haben allerdings mehrere von einander unabhängige Kühlsysteme. Fällt der Strom aus, so übernehmen normalerweise Dieselgeneratoren die Stromversorgung. In Fukushima gab es als weitere Reserve Batterien, aber bei einem Tsunami hilft das alles nichts. Trotzdem sind in Fukushima keine großen Mengen an Radioaktivität in die Umgebung gelangt. Dort war allerdings nur ein Teil des Kerns geschmolzen – eine sogenannte partielle Kernschmelze. Katastrophal sind die Folgen, wenn der geschmolzene Kern die Reaktorwände zerstört. Kommt der Kern in Kontakt mit Wasser, bildet sich

Wasserstoff, der dann explodieren kann – so geschehen in Tschernobyl. In moderne Reaktoren soll ein geschmolzener Kern aufgefangen und unschädlich gemacht werden. Entsprechende Anlagen sind allerdings glücklicherweise noch nie im Ernstfall getestet worden.

Kernreaktoren sind große, komplexe Anlagen; sie bestehen ja nicht nur aus dem eigentlichen Reaktor, sondern auch aus Turbinen, Dampfgeneratoren, und Kühlanlagen. Katastrophale Unfälle können auch bei anderen Industrieanlagen dieser Größe auftreten, man denke nur an die Katastrophe der Chemieanlage in Bhopal, die Tausende von Toten und Hunderttausende von Verletzten verursachte.

Die Kernkraft mit ihren unsichtbaren Strahlen unterliegt besonderer Überwachung. Auf Wikipedia findet sich eine Liste der Unfälle in Kernreaktoren[1] auch mit Angaben zu Kernschmelzen. Wenn man sich die Liste zum ersten Mal anschaut, blickt man natürlich zunächst auf die Anzahl der Toten, die der Unfall verursacht hat. Bei fast allen Einträgen steht eine Null.

Der bei weitem schlimmste Unfall war Tschernobyl mit ca. 50 direkten Toten und geschätzten 4000 tödlichen Krebserkrankungen. Jedenfalls wurde eine große Menge an Radioaktivität in die Atmosphäre geschleudert, mehr als bei den Bombenabwürfen über Hiroshima und Nagasaki. Die radioaktive Wolke wurde bis weit ins westliche Europa geweht. Wie viele Krebserkrankungen dadurch verursacht wurden, ist unmöglich zu schätzen; die Zahlen hängen vom ideologischem Hintergrund der veröffentlichenden Organisation ab. Schätzungen nach dem LNT Model, das wir unten diskutieren, kommen auf wesentlich höhere Zahlen von mehreren Hunderttausend Toten. Der Reaktor war schon vom Konzept her unsicher gebaut; der Unfall wurde durch menschliches Versagen ausgelöst und ist gut dokumentiert.

Bei Fukushima, dem Unfall, wegen dem Deutschland den endgültigen Ausstieg aus der Kernenergie beschloss, gab es einen direkten Toten. Die umliegende Gegend wurde evakuiert, was zu einigen Hundert Todesfällen führte. Die Strahlenbelastung in der Umgebung war relativ gering; Schätzungen für die durch die Strahlung verursachten Krebstoten liegen zwischen Null und einigen Hundert.

Wir wollen hier nicht alle Unfälle auflisten – bei Sellafield/Windscale in Großbritannien und Three Mile Island in den USA gab es auch größere Unfälle. Letzteres wurde bekannt wegen des sogenannten China-Syndroms. Die Idee: Ein geschmolzener Kern frisst sich in den Boden ein, brennt weiter, bohrt sich durch die Erde und kommt in China wieder heraus. Natürlich totaler Unsinn. Ein geschmolzener Kern könnte sich höchsten ein paar Meter eingraben und die Kernreaktionen würden erlöschen. Auch liegt auf der anderen Seite der Erde nicht China, sondern der Ozean bei der Antarktis. Immerhin gibt es einen Film gleichen Namens, den ich leider verpasst habe. In Deutschland gab es zwei Tote bei einem Unfall in Gundremmingen, allerdings als eine Heißwasserleitung repariert werden sollte. Radioaktivität spielte dabei keine Rolle.

---

1 https://en.wikipedia.org/wiki/List_of_nuclear_power_accidents_by_country

Ein kritisches Kapitel bei der Bewertung von Unfällen sind die gesundheitlichen Schäden, die radioaktive Strahlen im menschlichen Körper anrichten, oder konkreter, wie viele Fälle von Krebs eine gewisse Strahlendosis in einer Bevölkerung anrichtet. Naturgemäß kann man dazu keine Experimente durchführen. Aber auch bei den Ereignissen, wo durch einen Unfall größere Mengen radioaktiver Strahlung freigesetzt wurden, ist die Auswertung der Daten schwierig. Eine Korrelation zwischen Strahlungsmenge und Todesrate muss ja nicht unbedingt einen Kausalbezug anzeigen. Nur in extremen Fälle, einer sehr hohen Strahlungsbelastung bei gleichzeitiger Häufung von Krebserkrankungen, kann man quantitative Schlüsse ziehen.

Eine früher häufig benutzte Annahme ist das *Linear-no-threshold model, LNT Model* – lineares Modell ohne Schwelle, das von verblüffender, um nicht zu sagen naiver, Einfachheit ist. Die Idee ist folgende: Bei sehr hohen Dosen radioaktiver Belastung weiß man etwa, mit welcher Wahrscheinlichkeit sie bei einer Person Krebs auslösen. Eine Belastung von Null führt zu keiner Krebserkrankung. Zwischen die Daten für sehr hohe Dosen und den Nullpunkt legt man dann eine Gerade. Wenn Sie die das Risiko für eine beliebige Belastung berechnen wollen, lesen Sie dies einfach an der Geraden ab.

Ein Beispiel: Sie untersuchen die Wahrscheinlichkeit, mit der man beim Kartoffelschälen einen Finger verliert und nehmen als Parameter die Tiefe des Einschnitts, den man sich bei einem Missgeschick zufügt. Schneidet man sich eine 1 cm tiefe Wunde, so ist die Wahrscheinlichkeit groß, dass man den Finger verliert. Schneidet man sich zehn Mal eine solche Wunde, verliert man wahrscheinlich zehn Finger. Umgerechnet auf eine Population: Schneiden sich zehn Personen je eine 1 cm tiefe Wunde, gehen wahrscheinlich zehn Finger verloren. Am anderen Extrem: Wenn sich keiner in den Finger schneidet, geht auch kein Finger verloren. So weit, so gut; bei der Interpolation treten die Probleme auf. Wenn Sie sich einmal in den Finger schneiden, erleiden Sie eine Wunde von 1 mm Tiefe. Das Modell nimmt dann an, dass Sie mit einer Wahrscheinlichkeit von 10 % den Finger verlieren. Weiter: Wenn Sie sich zehn Mal den Finger ritzen, ist das so, als ob Sie einmal eine 1 cm tiefe Wunde zufügen; wahrscheinlich verlieren Sie also den Finger. Übertragen auf eine Population: Wenn sich zehn Personen je einmal den Finger ritzen, geht im Mittel ein Finger verloren.

Natürlich ist diese Argumentation Quatsch. Bei Verletzungen am Finger gibt es eine Schwelle, unterhalb derer das Risiko für den Verlust eines Fingers gleich Null ist. Außerdem heilt ein kleiner Schnitt schnell, so dass der zweite Schnitt nicht insgesamt eine 2 mm tiefe Wunde ergibt – abgesehen davon, dass man sich normalerweise nicht genau an der selben Stelle schneidet. Aus demselben Grund sind die Umrechnungen auf eine Population sinnlos.

Es gibt sogar die gegenteilige Hypothese, Hormesis genannt, dass eine leichte Belastung einen positiven Effekt hat und bei höheren Belastungen schützt. Ein bekanntes Beispiel sind UV Strahlen: In geringer Intensität bewirken sie die Bildung von Vitamin D, aber hohe Dosen führen zu Hautkrebs. Oder, um in unserem Beispiel zu bleiben: Wenn Sie sich einmal den Finger ritzen, lernen Sie vielleicht, besser mit dem Messer umzugehen – wenn Sie sich häufiger schneiden, wächst Ihnen dort eine Hornhaut.

Das Thema ist heiß umstritten, und es gibt Studien und Gegenstudien. Gerade bei der Anti-Atomkraft Bewegung ist dieses Modell sehr beliebt, sagt es doch katastrophale Folgen selbst für kleine Strahlenbelastungen voraus. Es gibt zudem eine natürliche Radioaktivität, die durchaus nicht überall gleich ist. Eine Korrelation zwischen natürlicher Radioaktivität und Krebsrisiko wurde nicht gefunden. Bleiben Sie einfach skeptisch und beherzigen Sie das Motto: *Trau keiner Statistik, die Du nicht selber gefälscht hast.*

Um die Gefahren der Kernkraft einzuschätzen, muss man sie mit Alternativen vergleichen. Öl- und Gaskraftwerke verursachen wesentlich mehr Todesfälle als die Kernkraft, nicht nur wegen schwerer Unfälle, die natürlich auch in diesen Werken auftreten, sonder auch wegen der Umweltbelastung.[2] Im Zeitraum 1970 bis 1992 (inklusive Tschernobyl) gab es ca. 50 Todesfälle in Kernkraftwerken, plus die Toten durch die Strahlung von Tschernobyl. Es gab 6400 Tote in Kohle- und 1200 in Gaskraftwerken. Dazu kommen noch Todesfälle durch die Umweltverschmutzung, die bei Kernkraftwerken am geringsten sind.[3] Selbst die radioaktive Strahlung ist in der Umgebung von Kohlekraftwerken stärker als bei Kernkraftwerken auf Grund der in der Kohle vorhandenen radioaktiven Stoffe.

Fazit

Die Debatte um die Kernkraft ist sehr ideologiebehaftet; eine Reihe von Organisationen, darunter die Partei die Grünen, sind ja aus dem Kampf gegen die Kernenergie entstanden. Nicht alle sind so flexibel wie die finnischen Grünen, die dem Bau von neuen Kernkraftwerken und Endlagerungen um des Klimas willen zugestimmt haben.

Fest steht, in Zukunft wird der Bedarf an Elektrizität weiter wachsen wegen des Umstiegs auf E-Autos, Wärmepumpen, Produktion von Wasserstoff, und so weiter Die Industrie braucht eine zuverlässige, günstige Stromversorgung die unabhängig ist von den Launen des Wetters. Dazu bietet sich die Kernenergie an, und deswegen erlebt sie gerade einen neuen Aufschwung. Lokal mag es bessere Alternativen geben wie Erdwärme oder Gezeitenkraftwerke, die allerdings bei Vollmond mehr Strom liefern als bei Halbmond. Wasserkraft ist günstiger, aber wir wollen ja nicht alle Alpentäler fluten.

Auf dem Papier sieht die Kernfusion attraktiv aus: Wenig radioaktiver Abfall, keine Explosionsgefahr. Die Entwicklung kommt sicher zu spät, um die Erderwärmung zu bremsen, aber langfristig könnte sie einen wichtigen Beitrag zur Energieversorgung liefern. Bei der Kernspaltung muss man sehen, was die neuen Entwicklungen bringen. Thoriumreaktoren scheinen attraktiv: Nur kurzlebiger Abfall, große Vorräte an Brennstoff. Gerade gehen die ersten neuen Reaktoren in Betrieb. Mal sehen, wie sich die Technik weiter entwickelt.

---

2 https://cen.acs.org/articles/91/web/2013/04/Nuclear-Power-Prevents-Deaths-Causes.html

3 https://en.wikipedia.org/wiki/Nuclear_and_radiation_accidents

Epilog

Eigentlich sind E-Autos eine feine Sache: Im Betrieb produzieren sie kein CO_2, sie sind leise, energieeffizient, beschleunigen gut, und kommen mit vielen elektronischen Extras von Unterhaltungssystem bis zu Fahrhilfen, die zum autonomen Fahren führen sollen. Die Feinstaubbelastung ist etwa gleich groß wie bei einem Verbrenner: Die Bremsen erzeugen weniger Abrieb, weil sie wegen der Rekuperation weniger gebraucht werden. Dagegen werden die Reifen wegen des höheren Gewichts stärker belastet.

Das Laden von Batterien ist auch nicht mehr die Geduldsprobe, die es mal war. Fünfzehn Minuten Ladezeit für 500 km sind bei teureren Autos kein Problem. Die Entwicklung geht rasant weiter: Zu meinem Ärger – schließlich möchte ich das Buch endlich beenden – gibt es wöchentlich neue Fortschritte. So meldete der chinesische Autohersteller BYD gerade[1] die Entwicklung einer Batterie, die sich mit einer Leistung von 1000 Kilowatt – einem Megawatt – aufladen lässt. Tanken dauert dann gerade mal fünf Minuten, was gerade reicht, um einen Espresso zu trinken. Ob dieses schnelle Laden jemals in die Praxis kommt, ist allerdings zweifelhaft. Man bräuchte armdicke Kupferkabel, und die beim Laden entstehenden Stromspitzen könnten das Netz überfordern und zusammenbrechen lassen. Zudem wird bei den hohen Stromstärken viel Wärme erzeugt, die abgeführt werden muss und bei der Energie verloren geht. Besser, man lässt sich fünfzehn Minuten Zeit zum Tanken und trinkt einen Cappuccino (s. Abb. 48).

jJ.H.ZAGAL 2025

Abb. 48: Gönnen Sie sich einen Kaffee, als Beifahrer auch gerne einen Cognac, während des Ladens.

---

1 Neue Zürcher Zeitung vom 25.4.2025.

https://doi.org/10.1515/9783111712932-014

Den größeren Umweltschaden richten E-Autos nicht da an, wo sie gerade fahren, sondern dort, wo der Strom produziert wird, und beim Abbau der Materialien für die Batterie: Lithium, Kobalt, Nickel, Kupfer, Graphit und Eisen. Der Abbau zerstört das Land, vernichtet Pflanzen und Tiere, und die Arbeiter – oft genug Kinder – arbeiten unter erbärmlichen Bedingungen. Lithium ist besonders berüchtigt, werden bei Abbau und Verarbeitung doch Unmengen von Wasser verbraucht. Die Gewinnung einer Tonne Lithium verbraucht 2,2 Millionen Liter Wasser,[2] und dies größtenteils in Wüsten wie der Atacama. Bei Elektromotoren mit Festmagneten braucht man seltene Erden, insbesondere Neodym.

In diesem Zusammenhang ist eine Meldung der chinesischen Firma CATL vielleicht wegweisend: Nach ihren Angaben haben sie eine Natriumbatterie entwickelt mit einer Energiedichte, die mit derjenigen von Lithium-Eisenphosphat-Batterien konkurrieren kann: Reichweiten von 500 km, und eine Lebensdauer von 10000 Ladezyklen. Sie soll über einen Temperaturbereich von −40 °C bis 70 °C funktionieren – dies überrascht besonders, weil die Leitfähigkeit von Elektrolyten mit der Temperatur rasch abnimmt. Mit Einzelheiten hält sich die Firma verständlicherweise zurück.

Vergleiche von E-Autos mit Verbrennerautos sind schwierig. Abbau und Verarbeitung von Eisen und Aluminium verursachen auch Umweltschäden. Insgesamt ist die Gewinnung der Rohstoffe bei Elektroautos umweltschädlicher als bei Verbrennern, was hauptsächlich an Lithium, Kobalt und Graphit liegt. Dazu kommt, dass die Rezyklierung von Lithiumbatterien schwierig und energieintensiv ist, so dass sie bisher nicht kommerziell durchgeführt wird.

Ein Hauptziel für die Einführung von E-Autos ist die Reduzierung des CO_2 Ausstoßes. Zur Zeit gibt es etwa 1,3 Milliarden Autos, die für etwa 20 % des CO_2 Ausstoßes verantwortlich sind. Davon sind etwa 30 Millionen E-autos, das sind rund 2,3 %. Leider bedeutet dies nicht, dass sie den CO_2 Ausstoß um $0,023 \times 20 = 0.46 \%$ reduziert hätten, da E-Autos ja auch in ihrem gesamten Leben, vom Abbau der Rohstoffe bis zur Abwrackung, CO_2 produzieren. Wie viel dies im Vergleich zu Verbrennern ausmacht, ist strittig; es hängt z. B. davon ab, wie der Strom produziert wurde, den sie verbrauchen. Meist ist dies ein Mix aus grünem und normalem Strom. Nehmen wir optimistisch an, E-Autos stießen um 50 % weniger aus als Verbrenner, dann bliebe eine Reduktion um 0,24 % übrig, die die bisherige Umstellung auf E-Autos gebracht hätte. Darin ist aber noch nicht berücksichtigt, dass Lastwagen, die am meisten Sprit verbrauchen, immer noch fast ausschließlich mit Diesel betrieben werden. Zudem werden E-Autos überwiegend von wohlhabenden Leuten gekauft, die sich andernfalls einen teuren, effizienten Verbrenner gekauft hätten. Die Millionen von alten Benzinschluckern und Tuk-Tuks werden nicht so bald durch E-Autos ersetzt werden. Dafür sind diese zu teuer, und ob die Rohstoffe dafür ausreichten, ist auch nicht klar; es hängt unter anderem davon ab, welche Typen von Batterien verbaut werden.

---

2 https://greenly.earth/en-gb/blog/industries/the-harmful-effects-of-our-lithium-batteries

In den letzten Jahren strebte die Batterieforschung nach immer größeren Energiedichten und kürzeren Ladungszeiten. Mittlerweile hat sie sehr akzeptable Werte erzielt. Bei den Ladezeiten gibt es so was wie eine natürliche Grenze, die durch die Infrastruktur gegeben ist. Kürzere Ladezeiten bedingen höhere Ströme und damit dickere Ladekabel und eine größere lokale Belastung des Stromnetzes. Eine entsprechende Ladestruktur wäre unverhältnismäßig teuer. Jetzt wäre es besser, sich auf Materialien zu konzentrieren, deren Abbau weniger Schäden anrichtet und von denen es ausreichend Vorräte gibt. So ist der Einsatz von Lithium-Eisenphosphat-Batterien sicher ein Schritt in die richtige Richtung. Noch besser wäre es freilich, wenn die Natriumbatterien sich als so gut herausstellten, wie es CATL verspricht. Bei all dem sollte man sich vor Augen halten, dass der Umstieg auf elektrische Personenautos zwar ein nützlicher, aber kein besonders großer Schritt zur Bekämpfung des Klimawandels ist.

Anhang

Energiedichten

Tab. 2: Energiedichten einiger Systeme. $1\,MJ = 10^6\,J = 239\,kcal$.

Stoff/System	MJ/kg
Bleiakku	0,11
Nickel-Zink Akku	0,43
Na-Ionen Akku	0,50
Li-Ionen Akku	0,65
Li-Luft Akku (theoretisch)	1,6
Holzpellets	18
Braunkohle (Briketts)	19,6
Methanol	19,7
Ethanol	26,7
Steinkohle	34
Benzin	40–42
Diesel	43
Methan	50
Wasserstoff	120
Kernspaltung ^{235}U	$7,94 \cdot 10^7$
Kernfusion	$3 \cdot 10^8$
Schokolade	22

Die vier Wechselwirkungen

Auf die berühmte Frage von Faust, was die Welt im Innersten zusammenhält, gibt es nur eine komplizierte Antwort. Es ist das Zusammenspiel der vier Wechselwirkung, die hier kurz beschrieben werden. Aber unser Verständnis hat noch große Lücken.

Gravitation oder Schwerkraft

Die Gravitation ist die schwächste aller Wechselwirkungen, gleichwohl ist sie die erste, die entdeckt wurde: Der berühmte Apfel, der Newton auf den Kopf fiel. Aber man muss schon ein Genie sein, um zu erkennen, dass die Kraft, die den Apfel zur Erde fallen lässt, denselben Ursprung hat wie die Kraft, die das Sonnensystem zusammenhält. Weil die Gravitation so schwach ist, macht sie sich nur zwischen riesigen Körpern bemerkbar und spielt in der Welt der Atome keine Rolle. Setzt man die Stärke der sogenannten starken Wechselwirkung gleich eins (s. u.), so wäre die der Gravitation etwa 10^{-41}. Glücklicherweise für das Leben auf der Erde; wäre sie z. B. zehnmal stärker, könnten wir nicht aufstehen, sondern müssten auf dem Boden herumkriechen – oder uns einen kleineren Planeten suchen. Die Anziehungskraft der Gravitation zwischen zwei

https://doi.org/10.1515/9783111712932-015

Körpern nimmt mit dem Quadrat des Abstandes ab, wird aber auch bei großen Abständen niemals null. Deswegen wirkt sie auch noch zwischen Galaxien, die Myriaden von Lichtjahren voneinander entfernt sind. Die Grundlagen der Theorie der Gravitation wurden von Newton und Kepler geschaffen und von Einstein in der allgemeinen Relativitätstheorie vollendet. Diese passt aber nicht zur Quantentheorie, welche die Welt der Elementarteilchen beschreibt. Eine Vereinigung dieser Theorien ist das größte Problem der theoretischen Physik. Einstein hat vergeblich daran gearbeitet, Sheldon Cooper (von der Big Bang Theory) und viele andere Wissenschaftler ebenso.

Elektromagnetische Wechselwirkung

Die elektromagnetische Wechselwirkung wirkt zwischen geladenen Körpern und ist etwa 10^{-2} mal schwächer als die starke Wechselwirkung, also 10^{39} mal stärker als die Gravitation. Sie hält die Atome zusammen, die Moleküle, die Substanzen, Festkörper, Flüssigkeiten, Gase, und letztlich auch uns. Unsere ganze elektrische, magnetische, elektronische, optische Technik, Radiowellen, Röntgenstrahlung und vieles andere mehr beruht auf dieser Wechselwirkung. Gleich der viel schwächern Gravitation nimmt ihre Stärke mit dem Quadrat des Abstandes ab und verschwindet selbst bei sehr großen Entfernungen nicht. Im Gegensatz zur Gravitation, die nur Anziehung kennt, gibt es Abstoßung zwischen Teilchen gleicher Ladung und Anziehung bei ungleicher Ladung. Die klassische Theorie der elektromagnetischen Wechselwirkung wurde von Faraday und Maxwell begründet und in den 1950er Jahren von verschiedenen Physikern zu einer Quantentheorie erweitert.

Starke Wechselwirkung

Die starke Wechselwirkung hat auf unserer Skala die Stärke eins, aber ihre Reichweite ist mit 10^{-15} m extrem kurz, so dass sie nur im Bereich der Atomkerne wirkt, der Protonen und Neutronen. Sie hält die Atomkerne zusammen, auch wenn sie mehrere positiv geladene Protonen haben, die sich abstoßen. Wegen ihrer Stärke sind die Energien, die bei Kernprozessen umgesetzt werden, millionenfach größer als bei chemischen Reaktionen (s. Tab. 2). Nach der allgemein akzeptierten Theorie wirken sie zwischen den Quarks; dies sind hypothetische Teilchen, aus denen Neutronen und Protonen zusammengesetzt sind, die aber nie einzeln auftreten können. Bisher ist sie nur teilweise verstanden.

Schwache Wechselwirkung

Die schwache Wechselwirkung hat eine relative Stärke von etwa 10^{-15}, und ihre Reichweite ist etwa hundert Mal kleiner als die der starken Wechselwirkung. Sie ermöglicht die Umwandlung von Elementarteilchen, wie sie etwa in der Sonne bei der Reaktion $^1H + ^1H \rightarrow {}^2H + e^+ + \nu_e$ auftritt. Weil die Wechselwirkung so schwach ist, ist diese Reaktion so langsam – glücklicherweise, sonst wäre die Sonne längst ausgebrannt. Sie hat eine

Besonderheit gegenüber allen anderen Wechselwirkungen: Sie unterscheidet zwischen rechts und links, ist also nicht invariant gegenüber Spiegelungen. Theoretisch wird sie zusammen mit der elektromagnetischen Wechselwirkung durch die sogenannte Theorie der elektroschwachen Wechselwirkung beschrieben.

Danksagung

Ich danke: Frau *Andrea Reith*, Betriebsratsvorsitzende von Evobus, für anregende Diskussionen über autonomes Fahren; meiner Frau *Dr. Elizabeth Santos* für die kritische Durchsicht des Manuskripts und kontroverse Diskussionen über Kernenergie; unseren Katzen *Amilia* und *Lena*, die unser Leben bereichern.

https://doi.org/10.1515/9783111712932-016

Stichwortverzeichnis

https://doi.org/10.1515/9783111712932-017

www.ingramcontent.com/pod-product-compliance
Lightning Source LLC
Chambersburg PA
CBHW081546220326
41598CB00036B/6578